# INTRODUC'

## I

On m'a plus d'une fois demandé po~~~~~, ~~~~~~~
le triptyque des insectes sociaux dont les deux premiers volets, *La
Vie des Abeilles* et *La Vie des Termites* avaient été favorablement
accueillis. J'ai longtemps hésité. Je croyais la fourmi antipathique,
ingrate et trop connue. Il me semblait assez inutile de répéter à
propos de son intelligence, de son industrie, de sa diligence, de
son avarice, de sa prévoyance, de sa politique, des notions qui font
partie du patrimoine commun que nous acquérons dès l'école primaire et qui traînent dans toutes les mémoires parmi les débris de
la bataille des Thermopyles ou de la prise de Jéricho.

Ayant toujours vécu à la campagne beaucoup plus qu'à la ville, je
m'étais naturellement intéressé à cet insecte inévitable. À l'occasion, je l'avais même enfermé dans des boîtes vitrées et, sans but et
sans méthode, y avais observé ses allées et venues affairées, qui ne
m'apprenaient pas grand'chose.

Depuis, revenant sur mes pas, je me suis rendu compte qu'à son
sujet, comme au sujet de n'importe quoi sur cette terre, en croyant
tout savoir nous ne savons presque rien et que le peu que nous ap-
prenons nous montre d'abord tout ce qu'il nous reste à apprendre.

Il nous montre surtout les difficultés de la tâche. La ruche ou la
termitière forme un bloc dont on peut faire le tour. Il existe une
ruche, une termitière, une abeille, un termite types ; au lieu qu'il y
a autant de fourmilières que d'espèces de fourmis, autant de mœurs
différentes que d'espèces. On ne tient jamais son objet, on ne sait
par quel bout le prendre. La matière est trop riche, trop vaste, elle
se ramifie sans cesse et l'intérêt s'égare et se disperse dans toutes les
directions. Aucune unité n'est possible ; il n'y a pas de centre. On
n'écrit pas l'histoire d'une famille ou d'une ville, mais les annales ou
plutôt les éphémérides de cent peuples divers.

Ajoutez que dès les premiers pas, on risque de perdre pied dans la
littérature myrmécophile. Elle est aussi abondante que la littérature
apicole qui compte, au bureau entomologique de Washington, plus
de vingt mille fiches. L'index bibliographique que donne Wheeler à
la fin de son volume intitulé : *Ants*, couvrirait cent trente pages de

ce livre. Il est loin d'être complet et ne mentionne pas les publications de ces vingt dernières années.

## II

Il faut donc se borner et se laisser guider par les chefs de files. Sans nous attarder aux précurseurs Aristote, Pline, Aldrovandi, Swammerdam, Linnée, William Gould, De Geer et quelques autres, arrêtons-nous un instant devant celui qui est le véritable père de la myrmécologie : René-Antoine Ferchault de Réaumur.

Il en est le père, mais c'est un père que ses enfants n'ont pas connu. Le brouillon de son *Histoire des Fourmis*, enseveli parmi ses derniers manuscrits, avait été signalé par Flourens, en 1860, et depuis complètement oublié. Le grand myrmécologue américain, W.-M. Wheeler, le redécouvrit en 1925 et l'année suivante en publia, à New-York, le texte français accompagné de notes et d'une traduction. Cette histoire n'a donc exercé aucune influence sur les entomologistes du siècle dernier, mais elle mérite d'être signalée parce qu'elle peut se lire avec fruit et non sans agrément, car Réaumur qui avait trente-deux ans à la mort de Louis XIV, écrit encore la langue de la bonne époque. On y trouve en germe, et souvent mieux qu'en germe, c'est-à-dire presque à l'état parfait, un certain nombre d'observations qu'on croyait d'avant-hier. Ce petit traité, d'ailleurs inachevé et qui ne compte qu'une centaine de pages, renouvelle ou plutôt instaure la myrmécologie telle qu'on l'entend aujourd'hui.

Il commence par détruire une foule de légendes et de préjugés qui depuis Salomon, Saint Jérôme et le moyen âge embroussaillaient les abords de la fourmilière. Avant tout autre il a l'idée d'observer les fourmis dans ce qu'il appelle des « poudriers », qui étaient, comme il les définit, « des bouteilles de verre telles que celles des cabinets des curieux, dont l'ouverture a presque autant de diamètre que le fond », inaugurant ainsi les nids artificiels qui depuis ont rendu tant de services aux entomologistes. Il constate que la fourmi, comme l'expérience l'a confirmé, peut vivre près d'un an sans nourriture, dans de la terre humide. Il comprend l'importance et la signification du vol nuptial et le premier explique pourquoi les femelles ont des ailes qu'elles perdent subitement après l'hymen, alors qu'on était convaincu qu'elles ne leur poussaient que dans

Maurice Maeterlinck

# La Vie des fourmis

*Essai*

ISBN : 978-3-96787-780-9


10  9  8  7  6  5  4  3  2  1

Maurice Maeterlinck

# La Vie
# des fourmis

*Essai*

# Table de Matières

la vieillesse, en guise de consolation, afin qu'elles pussent mourir avec plus de dignité. Précédant W. Gould, il note la manière dont une reine fécondée fonde une colonie. Il s'occupe de la ponte des œufs et entrevoit l'endosmose qui donne la clef de l'inexplicable énigme de leur croissance. Il décrit de quelle façon la larve ou la nymphe commence son cocon dont l'étoffe, comme il le fait remarquer, « faite de plusieurs couches de fils collés les uns contre les autres, est si serrée qu'on la prendroit pour une membrane si on ne sçavoit pas comment elle a été travaillée ». Il n'omet pas la régurgitation, qui est, nous le verrons plus loin, l'acte essentiel et fondamental de la fourmilière. Il a même l'intuition des phototropismes qui jouent un rôle si important dans les premières manifestations de la vie ; et après quelques erreurs vénielles, il n'en commet qu'une assez grave : il confond les fourmis avec les termites ; mais cette confusion était alors presque inévitable et la distinction ne fut définitivement établie qu'à la fin du dix-huitième siècle.

excellent principe qu'il n'a jamais perdu de vue et qui est devenu la règle fondamentale de l'entomologie. « Plus les merveilles de la nature ont d'attrait pour moi, nous dit-il, moins je suis enclin à les altérer par le mélange des rêveries de l'imagination. »

Si, d'après Forel, *Les Recherches sur les mœurs des fourmis indigènes* sont la Bible, *Les Fourmis de la Suisse*, de Forel, sont la Somme de la myrmécologie. La deuxième édition notamment, parue en 1920, forme la véritable encyclopédie de la fourmi, où rien n'est laissé dans l'ombre, mais qui a les défauts de ses qualités, c'est-à-dire qu'elle est trop touffue, que la multitude des arbres empêche de voir la forêt et qu'on finit par s'y perdre. Du reste rien n'égale la sûreté, l'exactitude de ses observations, l'étendue et la loyauté de son érudition. Il n'est guère possible de parler de la fourmi sans lui devoir le tiers de ce qu'on en dit. Il est vrai que lui-même doit à d'autres spécialistes les deux tiers de ce qu'il nous apprend. C'est ainsi que marche la science qui déborde de toutes parts les jours trop courts de l'homme ; ou, si vous le préférez, c'est ainsi que marche l'histoire, car la myrmécologie n'est au fond que l'histoire versité d'Harvard, ce n'est plus la théologie mais la pensée humaine qui se mêle à la science purement objective et qui la vivifie. Wheeler, en effet, est non seulement un observateur aussi scrupuleux, aussi fécond que Forel et Wasmann, c'est en outre un esprit qui voit plus loin et plus profondément et sait tirer de ce qu'il a vu des réflexions et des idées générales qui ont plus d'envergure que celles de ses collègues.

Il faut mentionner encore l'ingénieur Charles Janet, dont les innombrables études, recherches, communications, monographies, précises, nettes, impeccables et ornées de planches anatomiques devenues classiques, n'ont cessé, depuis près de cinquante ans, d'enrichir la myrmécologie comme bien d'autres sciences. C'est un de ces grands travailleurs auxquels on ne rend justice qu'après leur mort.

Il ne faut pas non plus oublier l'Italien C. Emery, le grand classificateur qui s'est consacré au travail ingrat, aride, mais nécessaire qui consiste à établir le signalement détaillé et technique, la fiche myrmécologique, si l'on peut dire, de la plupart des fourmis afin qu'on puisse les identifier sans erreur. Il est probable que de bonnes photographies en couleur, avec agrandissements, remplaceront peu à peu ces signalements qui sont aussi décevants que ceux des passeports. D'autres spécialistes, notamment Bondroit et Ernest André, se sont imposé la même tâche. Ernest André est en outre l'auteur de la seule monographie vulgarisatrice et accessible que nous possédons. Malheureusement, elle date quelque peu, puisqu'elle remonte à près d'un demi-siècle, c'est-à-dire à un moment où Forel venait à peine de donner sa première version des *Fourmis de la Suisse*, et où Wasmann et Wheeler commençaient leurs travaux. Il ignore, entre autres, les fourmis champignonnistes qu'on appelait alors les Coupeuses de feuilles, parce qu'on croyait qu'elles se bornaient à les découper pour en tapisser leurs galeries. Il ignore également les extraordinaires fourmis à navettes, les dernières observations sur les Dorylines Visiteuses, les expériences les plus intéressantes sur le sens olfactif et sur l'orientation, la façon tragique dont se fonde une colonie, etc. D'autre part, il accueille peut-être trop facilement, bien qu'avec des réserves, certaines fantaisies attendrissantes sur les cimetières de nos hyménoptères fouisseurs, sur leur culte des morts, les cortèges funèbres, les enterrements de première classe, les concessions à perpétuité, etc. ; alors qu'ils se bornent à se débarrasser promptement des cadavres qu'ils portent hors du nid et qu'ils ont le tact de ne pas dévorer comme les termites, probablement parce qu'ils ne pourraient pas les digérer.

## IV

Mais bornons ici une énumération qui deviendrait fastidieuse. Les autres noms défileront au cours des pages qui vont suivre et on les retrouvera à la fin du volume, dans une bibliographie forcément succincte pour ne pas devenir encombrante, mais comprenant tout l'essentiel.

On se dira peut-être que des centaines d'hommes qui n'étaient pas les premiers venus et auraient pu faire tant d'autres choses plus profitables, ont perdu beaucoup de temps et se sont donné bien du mal pour tâcher d'éclairer l'existence et de pénétrer les minuscules secrets de fort petites bêtes. Mais il n'y a grand ni petit quand il s'agit des mystères de la vie. Tout est sur le même plan, tout a même hauteur et l'astronome travaille au même niveau et dans la même matière que l'entomologiste.

Il n'existe point de hiérarchie dans les sciences et la myrmécologie en est une et qui serre de plus près que bien d'autres les plus subtils contours des plus tragiques, de plus désespérants problèmes. D'un certain point de vue, la plus misérable fourmilière, raccourci de nos propres destins, est plus intéressante que le plus formidable amas globulaire des nébuleuses extra-galactiques où grouillent des millions de mondes, des milliers de fois plus énormes que notre soleil. Elle nous aidera peut-être plus vite et plus efficacement à démêler la pensée et l'arrière-pensée de la Nature et certains de ses secrets qui sur la terre et dans les cieux sont partout identiques.

Afin de nous intéresser comme il est juste et nécessaire, à des vies qui ne sont pas à notre échelle, supposons qu'il s'agisse de l'histoire d'une race préhumaine qui aurait passé sur la terre quelques milliers ou millions d'années avant notre arrivée. Rien ne nous dit qu'il n'y en ait pas eu, comme rien ne nous affirme que ne surgira pas une race post-humaine, quelques milliers ou millions d'années après notre départ. Dans l'infini du temps, le passé et l'avenir sont interchangeables.

# NOTIONS GÉNÉRALES

## I

Récapitulons d'abord, le plus rapidement possible, quelques notions élémentaires qu'il est bon de remettre en mémoire. Les fourmis sont des hyménoptères aculéates, fouisseurs, vivant en société. On en a décrit à ce jour six mille espèces qui toutes ont leurs mœurs, leurs caractères particuliers. Il est du reste probable qu'on doublera ce nombre dans une classification moins routinière. Mais nous n'entrerons pas dans le maquis de ces classifications entomologiques en genres, sous-genres, espèces, races ou sous-espèces, variétés, familles, sous-familles, sections, tribus, sous-tribus, qui nous entraîneraient trop loin et n'ont du reste aucun intérêt. Contentons-nous, suivant Wheeler, de les diviser en huit séries principales, savoir : les Dorylinæ, les Cerapachyinæ, les Ponerinæ, les Leptanillinæ, les Pseudomyrminæ, les Myrmicinæ, les Dolichoderinæ et les Formicinæ. Les Myrmicinæ et les Formicinæ seules sont cosmopolites ; toutes les autres sont tropicales ou subtropicales. Les ancêtres communes semblent être les Ponerinæ.

Au demeurant, ces nomenclatures qui souvent, comme celles de Forel et d'Emery, sont beaucoup plus compliquées, n'intéressent que les techniciens de la myrmécologie.

Les fourmis et les termites sont par excellence des insectes sociaux. Les abeilles, contrairement à ce qu'on croit, ne sont qu'exceptionnellement sociales. On compte en effet dix mille espèces d'abeilles, dont cinq cents seulement vivent en société, au lieu qu'on ne trouve pas un seul termite ou une seule fourmi solitaire.

Au rebours des termites confinés dans les pays chauds, les fourmis ont envahi à peu près toutes les parties habitables du globe, l'extrême nord et les grandes altitudes exceptés. Géologiquement elles semblent postérieures aux termites dont les aïeux sont les Blattoïdés, animaux encore solitaires, appartenant au Crétacé, c'est-à-dire à l'ère secondaire, descendant eux-mêmes d'ancêtres d'ailleurs hypothétiques, les Proto-blattoïdés, qui vivaient probablement dans le Permien, partie supérieure de la formation de l'ère primaire.

# II

Les fourmis sont les insectes les plus abondants dans les dépôts tertiaires. On en trouve dans l'Éocène, le plus ancien de ces dépôts. Elles y sont, il est vrai, assez rares. En revanche, le nombre des fourmis Oligocènes et Miocènes est considérable. Onze mille sept cent onze spécimens recueillis dans l'ambre de la Baltique ont été examinés, ainsi que des centaines d'autres trouvés dans l'ambre sicilien qui appartient au Miocène moyen. Mais voici la constatation la plus déconcertante : au rebours de ce qu'on attendait, on remarque que les fourmis les plus anciennes ne sont pas plus primitives que celles qu'on rencontre dans l'ambre fossile, et que ces dernières, malgré les millions d'années qui les séparent, sont presque aussi spécialisées, aussi civilisées que nos formes présentes. « Plusieurs d'entre elles, nous dit Wheeler, avaient appris à visiter les pucerons, étaient en conséquence « trophobiotiques », comme le montre un bloc d'ambre de la collection de Kœnigsberg, contenant un certain nombre d'ouvrières d'Iridomyrmex Gœpperli, mélangées à un lot de pupilles pucerons. On peut difficilement douter que les fourmis de l'ambre eussent des myrmécophiles dans leurs nids, puisque Klebs mentionne dans sa liste des coléoptères de l'ambre, trois genres de Paussidae. » Et les Paussidae sont, avec les Clavigers, les parasites les plus dangereux qui rendent éthéromanes les ouvrières des nids où ils élisent domicile.

Or, l'élevage du bétail et l'entretien des parasites, surtout des coléoptères de luxe, marquent, comme nous le verrons, le point culminant de leur civilisation actuelle. Quelles conclusions ? De bien étranges si l'on veut, par exemple, que l'évolution est moins prouvée, moins certaine qu'on ne l'affirme, que le progrès n'est qu'une illusion, que toutes les espèces, avec leurs divers degrés de civilisation, datent du même moment et furent, comme le dit la Bible, créées le même jour, que par conséquent la tradition est plus près de la vérité que la science. Remarquons en passant que l'universelle dissémination des termites et des fourmis que l'on rencontre sur toutes les terres des nouveaux comme des anciens mondes, nous rapproche également d'une autre tradition, plus ou moins secrète et antérieure à la Bible, qui prétend que toute civilisation descend des régions boréales et nous parle du pont antarctique, aussi chaud que l'équateur, par lequel communiquaient tous les continents.

Mais sans rien hasarder, sans aller si loin, on peut très raisonnablement soutenir que notre insecte est prodigieusement plus ancien que les plus anciens spécimens géologiques. Il faudrait remonter beaucoup plus haut, jusqu'à des centaines, voire des milliers de millions d'années dans l'effroi du temps, jusqu'au Précrétacé, jusqu'à la fin du Permien qui se caractérise par une température élevée et une grande aridité. Mais à partir du Mésozoïque, dans l'ère secondaire, les fossiles font défaut.

On pourrait encore soutenir que toute évolution est des milliers de fois plus lente que nous ne nous l'imaginons ; si incroyablement lente qu'elle arrivera trop tard, et qu'avant d'atteindre son but, en admettant que quelque chose puisse avoir un but, notre terre aura vraisemblablement disparu.

Néanmoins, selon quelques myrmécologues, notamment selon Wheeler, on découvre une évolution très plausible, dont on suit les traces d'espèce en espèce. D'après eux, les fourmis, poussées par diverses circonstances, auraient passé de la vie terricole, qui était leur vie primitive, à la vie arboricole, et du régime entomophage, où elles étaient avant tout prédatrices et ne se nourrissaient que de la chair d'autres insectes, au régime aphidicole, c'est-à-dire pastoral, et ensuite fongicole, c'est-à-dire agricole et végétarien. Cette évolution qui d'ailleurs n'est pas irréfutablement établie, et dont toutes les étapes coexistent aujourd'hui, ressemblerait étrangement à celle de l'homme, successivement chasseur, pasteur et agriculteur. On y retrouverait également les trois stades de l'histoire humaine reconnus par Auguste Comte, à savoir la conquête, la défense et l'industrie. Il y a là, assurément, de curieuses coïncidences.

## III

La population de la fourmilière se compose de reines ou femelles fécondées qui vivent une douzaine d'années, d'innombrables légions d'ouvriers ou ouvrières, sans sexe, qui, moins surmenées que les abeilles, vivent trois ou quatre ans, et de quelques centaines de mâles qui disparaissent au bout de cinq ou six semaines, car dans le monde des insectes, le mâle est presque toujours sacrifié.

Les femelles et les mâles seuls possèdent des ailes que du reste ils s'arrachent après le vol nuptial. Il n'y a pas, comme chez les abeilles et les termites, une reine ou mère unique, mais autant de pondeuses que le juge nécessaire le conseil secret qui préside aux destinées de la république myrmécéenne. Dans les petites fourmilières on en compte deux ou trois, dans les grandes une cinquantaine et dans les nids confédérés leur nombre est indéterminé.

Nous retrouvons ici le grand problème de la ruche et de la termitière. Qui règne et qui gouverne dans la cité ? Où se cache la tête ou l'esprit, d'où émanent des ordres qui ne sont jamais discutés ? Le concert est aussi indubitable, aussi admirable que dans les autres groupes et doit être plus difficile, car la vie des fourmis est, en général, beaucoup plus complexe, plus imprévue et plus aventureuse. En attendant mieux, l'explication la plus admissible est peut-être celle que je propose dans *La Vie des Termites*, à savoir que la fourmilière devrait être considérée comme un individu dont les cellules, au rebours de celles de notre corps qui en compte environ soixante trillions, ne seraient plus agglomérées mais dissociées, disséminées, extériorisées, tout en restant soumises, malgré leur apparente indépendance, à la même loi centrale. Il est également possible qu'on y découvre quelque jour tout un réseau de relations électromagnétiques, éthériques ou psychiques dont nous n'avons jusqu'ici qu'une très vague idée.

## IV

Du reste, à examiner les choses de plus près, bien qu'enfermées dans notre corps, nos soixante trillions de cellules sont relativement aussi disséminées que les milliers d'abeilles, de termites ou de fourmis hors de leurs demeures. Les distances entre chacune de nos cellules sont proportionnées à leur taille ou du moins à la taille des électrons qui en forment l'âme ; et ces distances doivent être comparativement aussi grandes que celles qui séparent les astres dans les cieux, car l'infiniment petit équivaut à l'infiniment grand. « Si le corps humain, dit fort justement Wheeler, pouvait être comprimé jusqu'à ce que tous ses électrons fussent en contact les uns avec les autres, il aurait un volume n'excédant pas quelques millimètres cubes. » Cette compression ou cette densité n'est pas impossible, puisque la nature l'a réalisée dans certaines étoiles appelées « Naines Blanches », notamment dans le mystérieux satellite de Sirius, où un litre d'eau, si l'eau pouvait y demeurer liquide, pèserait cinquante mille kilogrammes.

S'il en est ainsi, nous expliquerons plus facilement pourquoi, comme nous le verrons plus loin, dans une énorme colonie à nids confédérés, les ouvrières savent, ou plutôt « sentent » avec une précision qui nous émerveille, le nombre de femelles fécondées qui sont indispensables. Quand nous avons faim et soif, il se passe, dans notre immense confédération de cellules, un phénomène analogue. Il y règne une faim et une soif collectives. Toutes nos cellules l'éprouvent en même temps et ordonnent à celles qui agissent au dehors de faire le nécessaire pour que la faim et la soif générales soient satisfaites ; de même qu'elles leur commandent de cesser le travail dès qu'elles sont apaisées.

On voit que la comparaison est moins téméraire qu'on ne croit. Nous ne sommes qu'un être collectif, une colonie de cellules sociales ; mais nous ne savons pas du tout qui commande, dirige, réglemente et harmonise l'activité prodigieusement complexe et disséminée de notre vie organique, fondement d'une existence dont la vie consciente ou intellectuelle n'est qu'une manifestation accessoire, tardive, précaire et éphémère. Nous ne connaissons pas, nous ne voyons pas notre propre secret qui semble nous crever les yeux ; dès lors, comment pourrions-nous espérer de percer le grand secret analogue qui se cache dans les colonies des insectes sociaux ?

## V

Il est donc probable qu'il y a d'abord une vie collective et unanime qui mène en masse ou en bloc la destinée de la fourmilière. Mais dans ce mouvement général qui emporte tout, se dessinent une foule d'activités individuelles qui le secondent et peuvent même influer sur sa courbe. On y voit, comme dans notre histoire, une certaine liberté dans la fatalité. Afin de s'en rendre compte, il suffit d'observer leur travail. Nous y retrouverons tout de suite le tableau décrit par Huber auquel il faut bien revenir, car à quoi bon, sur ce point, essayer de dire mieux qu'il n'a fait.

« C'est surtout lorsque les fourmis commencent quelque entreprise, que l'on croirait voir une idée naître dans leur esprit et se réaliser par l'exécution. Ainsi quand l'une d'elles découvre sur le nid deux brins d'herbe qui se croisent et peuvent favoriser la formation d'une loge ou quelques petites poutres qui en dessinent les angles et les côtés, on la voit examiner les parties de cet ensemble, puis placer, avec beaucoup de suite et d'adresse, des parcelles de terre dans les vides et le long des tiges ; prendre de toutes parts les matériaux à sa convenance, quelquefois même sans ménager l'ouvrage que d'autres ont ébauché ; tant elle est dominée par l'idée qu'elle a conçue et qu'elle suit sans distraction. Elle va, vient, retourne jusqu'à ce que son plan soit devenu sensible pour d'autres fourmis.

» Dans une autre partie de la fourmilière, plusieurs brins de paille sembloient placés exprès pour faire la charpente du toit d'une grande case : une ouvrière saisit l'avantage de cette disposition ; ces fragments couchés horizontalement à demi-pouce du terrain, formoient, en se croisant, un parallélogramme allongé. L'industrieux insecte plaça d'abord de la terre dans tous les angles de cette charpente, et le long des petites poutres dont elle étoit composée ; la même ouvrière établit ensuite plusieurs rangées de ces matériaux les unes contre les autres, en sorte que le toit de cette case commençoit à être très distinct, lorsque ayant aperçu la possibilité de profiter d'une autre plante pour appuyer un mur vertical, elle en plaça de même les fondements. D'autres fourmis étant alors survenues, elles achevèrent en commun les ouvrages que la première avoit commencés. »

## VI

Nous avons tous observé des scènes analogues, à propos d'un brin d'herbe à transporter, d'un insecte à dépecer et à introduire dans le nid trop étroit, d'une flaque à traverser, etc. Elles se reproduisent dans toutes les circonstances graves ou anormales, du moins dans toutes celles que nous pouvons apercevoir et comprendre et qui sont naturellement assez rares au prix de celles qui nous échappent complètement. Une idée n'est adoptée que lorsqu'elle paraît bonne. Il n'y a pas entente préétablie, concert inné, mais appréciation et jugement sur place et à pied d'œuvre, comme chez des hommes qui n'auraient que le plan général d'une maison à construire. Le spectacle est encore plus frappant quand il s'agit de prendre une décision dont peut dépendre l'avenir de la colonie, notamment en cas d'émigration et d'abandon du nid, surtout dans les nids mixtes, c'est-à-dire formés de maîtres et d'esclaves ou d'auxiliaires de deux races différentes dont l'intelligence et les habitudes ne sont pas pareilles. Les Glebarias qui sont les ménagères des Amazones, par exemple, trouvent que la maison devient insuffisante, car mieux que leurs seigneurs qu'elles soignent et nourrissent et qui ne sortent de leur apathie que pour partir en guerre, elles en connaissent tous les inconvénients. Une de ces servantes-maîtresses, en ses incessantes explorations, découvre dans le voisinage une vaste fourmilière abandonnée qu'elle juge plus confortable ou mieux située que la sienne. À coups d'antennes elle en fait part à deux ou trois de ses sœurs, les entraîne presque de force au nid préférable et leur en démontre les avantages. Elles se laissent convaincre, à leur tour recrutent des prosélytes et bientôt, par une minorité peut-être, mais par une minorité remuante que renforce l'attrait du nouveau, l'émigration est décidée. Il s'agit alors de déménager les guerriers. Les consulte-t-on ? Il est peu probable. En tout cas, chaque esclave saisit un de ses maîtres, le porte au nouveau domicile, l'y dépose à l'entrée où il est accueilli par d'autres esclaves qui le guident dans les souterrains ; après quoi on s'occupe de la translation des œufs, des larves et des nymphes.

Parfois il y a du tirage, une partie de la colonie refuse de suivre le mouvement, parfois même les émigrés regrettent le nid primitif et y reviennent en masse.

Ces faits ne sont nullement imaginaires ou trop humanisés. Ils ont été bien des fois constatés, et qui veut s'en donner la peine est à même de les contrôler. Ils montrent que la part du concert mystérieux ou de l'entente innée peut être restreinte. Cette entente se manifeste surtout dans la distribution de la besogne, dans l'évaluation du nombre de mâles et de femelles indispensables à la prospérité et dans quelques autres occasions capitales. Mais est-elle spontanée et purement instinctive ? Avouons que nous n'en savons rien. Nous n'avons pas assisté aux délibérations et ignorons presque tout ce qui se passe au profond de la fourmilière. Interpréter n'est pas toujours comprendre. Tout au plus pouvons-nous constater que la fourmi semble parfois flotter comme nous, entre l'instinct qui représente le destin, et l'intelligence qui peut infléchir la ligne droite de celui-ci. Mais dès que l'intelligence paraît en ce monde, elle éveille des dangers et soulève des difficultés que ne connaissait pas l'instinct. En revanche, elle en écarte d'autres qu'il n'aurait pas évités. La fourmi s'est engagée sur la même route que nous, c'est pourquoi elle connaît des erreurs et des périls humains. Elle est emportée comme nous, par un sort inconnu, mais de même que nous peut s'agiter dans sa sphère close. Les agitations intérieures ont-elles modifié le cours de cette sphère ? Avant de savoir quelque chose sur ce point, comme sur la plupart des autres, il faudrait savoir trop de choses.

## VII

Quel nom donner à cette forme d'entente et au gouvernement qui en résulte ? Laquelle de nos formules humaines lui serait approximativement applicable ? Est-ce une simple république de réflexes ? Mais une telle république pourrait-elle mener ailleurs qu'à la mort ? Est-ce, comme on l'a dernièrement appelée, une « anarchie organisée » ou une « collectivité cumulative » ? Qui nous dira ce que ces mots-là veulent dire ? Écartons la théocratie et la monarchie qui sont peu probables ; restent la démocratie, l'oligarchie, et, ce qui semble plus vraisemblable, l'aristocratie et la gérontocratie. Nous les voyons toujours, dans leurs travaux, imiter l'exemple de quelques ouvrières qui ont plus d'initiative que les autres. Rien ne les distingue de la foule ; elles n'ont pas d'uniforme ni de panache mais il n'est pas douteux que leurs compagnes les reconnaissent et les écoutent volontiers. Sont-ce des vétérans pleins d'expérience ou de jeunes chefs pleins de génie ? Leurs ordres sont plutôt des conseils dont ils doivent souvent exposer les raisons et expliquer les avantages, et la persuasion l'emporte sur l'autorité. Sur le fond solide et stable de l'instinct général, on dirait le gouvernement provisoire de la meilleure idée. Ne perdons pas de vue que tout se passe ici sous le grand signe de l'unité et de l'amour, – mais de l'amour vierge et désintéressé, dont nous n'aurons jamais la notion, – ce qui renforce et étend prodigieusement son empire.

C'est ce que Huber avait pressenti. « Ainsi, nous dit-il, le grand secret de l'harmonie qu'on admire dans ces républiques n'est point un mécanisme aussi compliqué qu'on le suppose, c'est dans leur affection réciproque qu'il faut le chercher. » Et cette affection réciproque, nous le verrons un peu plus loin, naît directement d'un organe tout à fait spécial, dont le fonctionnement commande toute la psychologie, toute la morale de la fourmilière.

À la remarque de Huber, Espinas ajoute très justement : « Je dirais plutôt qu'il faut chercher ce secret dans leur commune affection pour leurs larves, et (car à côté de la fin il faut indiquer le moyen) dans la faible dose d'intelligence individuelle dont jouissent les hyménoptères, multipliée par les lois d'imitation et d'accumulation que nous avons indiquées. »

On peut en effet constater, qu'au rebours de ce qui se passe dans les foules humaines, chez les insectes sociaux, l'intelligence collective et cumulative semble proportionnelle au nombre de cellules qui la composent ; car les espèces et les agglomérations les plus denses sont en général les plus entreprenantes, les plus ingénieuses, les plus civilisées.

Quoi qu'il en soit, « l'affection réciproque » de Huber et « la commune affection pour les larves » d'Espinas côtoient de très près, me semble-t-il, la vérité. Nous avons ici la république idéale que nous ne connaîtrons jamais, la république des mères. Bien que vierges, toutes se sentent mères par délégation, plus profondément, plus passionnément que la génitrice. Cherchez partout dans la nature, vous n'y trouverez nulle part un amour maternel aussi magnifique. La poule défend ses poussins contre n'importe quoi, mais elle n'aime pas encore ses œufs. Arrachez l'abdomen à une ouvrière qui s'efforce de sauver un cocon, coupez-lui, si vous en avez l'odieux courage, les deux pattes de derrière, sans lâcher prise, sur les quatre pieds qui lui restent et traînant ses entrailles, – car sa vitalité est aussi prodigieuse que son amour, – elle poursuivra sa route et ne consentira à mourir que lorsque la larve ou la nymphe qui pour elle représente l'avenir, sera mise en lieu sûr.

Chacun donc, dans cet héroïque matriarcat, fait obstinément son devoir au profit de tous, comme si tous n'étaient que lui seul. Le centre de gravité de la conscience et du bonheur n'est pas le même que chez nous. Il n'est pas dans l'individu, mais partout où se meut une cellule du tout dont l'individu fait partie. Il en résulte un gouvernement qui est supérieur à tous ceux que l'homme pourra réaliser.

# LE SECRET DE LA FOURMILIÈRE

## I

De la fable d'Ésope dont les sources se perdent dans la préhistoire, jusqu'à Jean de La Fontaine, la fourmi fut le plus calomnié des insectes. Opposée à la cigale qu'on avait, on ne sait pourquoi, ornée de toutes les vertus faciles et décoratives, elle était devenue l'acariâtre symbole de la parcimonie soupçonneuse, de la mesquinerie envieuse, de la ladrerie étroite, malveillante, bornée et malodorante. Elle représentait, à côté de la grande artiste empanachée et du reste incomprise, le petit bourgeois, le petit rentier, le petit fonctionnaire, le petit boutiquier des petites rues d'une petite ville sans installations sanitaires ; et ceux-là mêmes qui lui ressemblaient le plus la méprisaient le plus profondément. Il fallut, pour la réhabiliter et lui rendre justice, les travaux de nos grands myrmécologues dont le premier en date, nous venons de le voir, est Jean-Pierre Huber.

Aujourd'hui, la preuve est faite ; la fourmi est incontestablement l'un des êtres les plus nobles, les plus courageux, les plus charitables, les plus dévoués, les plus généreux, les plus altruistes que porte notre terre. Elle n'y a du reste aucun mérite, pas plus que nous n'en avons à nous affirmer, à bon droit, les phénomènes les plus intelligents qui s'agitent sur notre planète. Nous ne devons cet avantage qu'à un organe monstrueusement développé dont la nature nous a munis, de même que la fourmi est redevable des vertus que nous avons énumérées, à un organe d'un autre ordre dont un caprice, une expérience ou une idée bizarre de la même nature l'a exceptionnellement douée.

La fourmi possède en effet à l'entrée de l'abdomen une poche extraordinaire qu'on pourrait appeler la poche ou le jabot social. Cette poche explique toute la psychologie, toute la morale et la plupart des destinées de l'insecte, c'est pourquoi il est nécessaire de l'étudier soigneusement avant d'aller plus loin. Cette poche n'est pas un estomac, elle ne contient aucune glande digestive et les aliments qui s'y accumulent s'y conservent intacts. L'alimentation de la fourmi a de puissantes mandibules pour percer, saisir sa proie ou son ennemi, cisailler, sectionner, décapiter, tenailler, mais est dépourvue de dents pour mâcher, étant presque exclusivement liquide, c'est-à-dire formée d'une sorte de rosée sucrée ; le sac en question est une outre collective uniquement réservée à la communauté. L'outre est ingénieusement et complètement séparée de l'estomac individuel, dans lequel les aliments qu'elle contient ne parviennent qu'au bout de plusieurs jours, quand la faim commune est d'abord satisfaite. Elle est prodigieusement élastique, occupe les quatre cinquièmes de l'abdomen dont elle refoule tous les autres organes et à tel point dilatable que chez certaines espèces américaines, notamment chez les Myrmécocystus Hortus-Deorum, des États-Unis, elle prend la forme d'une dame-jeanne, d'une jarre ou plutôt d'une bonbonne huit ou dix fois plus volumineuse que le ventre normal. Ces fourmis-bonbonnes n'ont d'autre fonction que d'être les réservoirs vivants de la cité. Par les pattes de devant, prisonnières volontaires qui ne revoient plus le jour, elles s'agrippent en rangs serrés au plafond de la fourmilière et lui donnent l'aspect d'un cellier bien ordonné où l'on dégorge la miellée récoltée au dehors et où l'on vient solliciter la régurgitation.

Excusez le mot qui est inévitable. Il évoque l'indigestion et ses disgrâces, alors que comme la rumination de la vache ou du bœuf, il n'a rien de commun avec elle. C'est le terme technique, cher aux myrmécologues qui sont forcés d'en abuser un peu, mais qu'il faut bien admettre, car la régurgitation ou le dégorgement est l'acte essentiel, l'acte fondamental d'où dérivent la vie sociale, les vertus, la morale et la politique de la fourmilière, de même que ce qui nous sépare de tout ce qui vit sur la terre dérive de notre cerveau.

## II

« La fourmi n'est pas prêteuse », disait le fabuliste. C'est vrai, elle ne prête pas, car prêter n'est qu'un geste d'avare ; elle donne sans compter et ne reprend jamais. Elle ne possède rien, pas même ce qui se trouve dans son corps. Elle ne songe presque pas à manger. Elle vit d'on ne sait quoi, de l'air du temps, de l'électricité éparse, de vapeurs ou d'effluves. Faites-la jeûner durant plusieurs semaines sur le plâtre d'une fourmilière artificielle, pourvu que vous ayez soin d'y entretenir un peu d'humidité, elle n'en souffrira point, elle vaquera à ses petites affaires, aussi alerte, aussi active que si ses celliers étaient pleins. Une goutte de rosée comble son estomac particulier. Tout ce qu'elle quête et amasse sans répit, au péril de sa vie, n'est destiné qu'au jabot collectif, à l'insatiable sac de la communauté : aux œufs, aux larves, aux nymphes, aux compagnes, et même aux ennemies. Elle n'est qu'un organe de charité. Travailleuse opiniâtre, ascétique, chaste, vierge, neutre, c'est-à-dire sans sexe, elle n'a d'autre plaisir que d'offrir à qui le veut prendre, tout le fruit de ses peines. La régurgitation doit être pour elle un acte aussi plein de délices que l'est pour nous la dégustation des mets et des vins les plus rares. Il semble évident que la nature y a incorporé des voluptés analogues à celles de l'amour qui lui est interdit. La fourmi qui régurgite, comme le fait remarquer Auguste Forel, les antennes rejetées en arrière, prend un air extasié et visiblement éprouve plus de plaisir que celle qui se gorge de miel. Du reste, dans la plupart des fourmilières, la régurgitation est pour ainsi dire incessante et ne s'interrompt que pour le travail, les soins à donner à la progéniture, le repos et la guerre.

On peut même se demander si la fourmi dont la poche sociale est gonflée à se rompre est à même d'en faire passer une goutte dans son estomac individuel. On sait du reste que certaines races guerrières, notamment les Polyergus Rufescens qu'Huber appelle les Amazones, ne peuvent se nourrir sans l'aide d'esclaves régurgitateurs et mourraient de faim au milieu d'une flaque de sirop. Cette sorte de communion perpétuelle de bouche à bouche est donc la forme normale et presque générale de l'alimentation.

Pour s'en convaincre, il suffit de teinter de bleu quelques gouttes de miel et de les offrir à une de nos petites fourmis jaunes dont le corps est presque transparent. On voit bientôt le ventre s'arrondir, se tendre et prendre une teinte azurée. Alourdie, elle regagne son nid. Une demi-douzaine de quémandeuses, alléchées par l'odeur, la caressent fiévreusement des antennes. Elle les satisfait à l'instant et tous les ventres qui l'environnent deviennent bleus. À peine ont-elles pris part au festin qu'elles sont sollicitées par d'autres compagnes, attirées du fond des souterrains, qui à leur tour partageront la goutte révélatrice et ainsi de suite, jusqu'à l'épuisement total. Après quoi, la première bienfaitrice qui a donné tout ce qu'elle possédait, allégée, s'éloigne en trottinant et visiblement plus heureuse que si elle venait de faire trois ou quatre repas plantureux.

## III

Il ne faut même pas que la solliciteuse soit une concitoyenne ; n'importe quelle étrangère plus ou moins imprégnée de l'odeur du terroir, fille d'une race qui n'est pas trop ostensiblement ou trop foncièrement ennemie et que les gardiennes des portes ont laissée pénétrer dans le nid, n'importe quel parasite souvent nuisible mais inexplicablement toléré par la bienveillance générale, s'il sait s'y prendre, caresser habilement la donatrice, obtient tout ce qu'il veut. Rien de plus facile à tromper que leur imprudente charité. On en voit qui, au plus dur de la mêlée, ne résistent point aux sollicitations d'un adversaire qui a faim ; elles lui accordent l'aumône et chevaleresquement le ravitaillent avant de reprendre la lutte.

Parfois leur charité va trop loin et entraîne la ruine de la colonie. Par exemple, une fourmi tunisienne, la Wheeleriella, étudiée par le docteur Santschi, s'introduit dans le nid d'une autre espèce de fourmis, la Monomorium Salomonis. Elle y est d'abord assez froidement accueillie ; mais bientôt, à force d'habiles caresses, elle gagne la faveur des ouvrières qui finissent par la préférer à leurs propres reines qu'elles abandonnent et maltraitent au profit de l'astucieuse aventurière dont les charmes semblent irrésistibles. Peu après, l'usurpatrice se met à pondre. Son espèce, essentiellement parasite et qui ne travaille jamais, prolifère seule et se substitue aux trop hospitalières et trop confiantes ouvrières dont la race s'éteint. Alors c'est la misère, la famine et la mort ; et les parasites à leur tour disparaissent, victimes d'une victoire trop complète. Ne s'agit-il là que d'un acte purement et inexplicablement imbécile, propre au monde des insectes ? N'avons-nous pas, parmi nous, des aberrations analogues aussi inexplicables ? N'est-ce pas un curieux et significatif exemple de l'instinct, en principe infaillible, qui chez les races trop civilisées, comme chez l'homme, se trompe mortellement parce que l'intelligence, le sentiment ou l'intrigue intervient ? Nous en reparlerons plus loin.

## IV

Mais l'interprétation de tout ce qui précède n'est-elle pas trop humaine ? La caresse antennale ne provoque-t-elle qu'un réflexe analogue au réflexe érotique, involontaire et irrésistible ? Il se peut, mais à interpréter de cette façon la plupart de nos actes, nous aboutirions aux mêmes conclusions. Ne poussons pas trop loin la crainte de l'anthropomorphisme ; tout deviendrait purement mécanique ou chimique, il n'y aurait plus place pour la vie proprement dite, et la vie donne toujours des démentis inattendus au déterminisme le mieux établi. Il y a notamment plus d'un cas où la fourmi sollicitée repousse délibérément et manifestement la caresse et expulse et maltraite l'intruse qui la supplie. Ne nous hâtons pas de déclarer que tout ici n'est qu'incohérence, stupidité, automatisme. Au même compte que resterait-il de la plupart de nos actes et de nos vertus ? En attendant, et quelle que soit leur interprétation, les faits rapportés sont précis et confirmés par tous les myrmécologues qui s'y sont intéressés ; n'importe qui, du reste, s'il le désire, est à même de les contrôler, car l'étude des fourmis qui pullulent en tous lieux, à la surface du sol et jusque dans nos maisons, est beaucoup plus facile que celle des termites.

## V

En passant, il est curieux de constater que les trois insectes dont la civilisation l'emporte de beaucoup sur celle de tous les autres, possèdent un organe collectif ou social qui, s'il n'est pas identique, remplit des fonctions analogues. Ainsi, c'est par régurgitation, cette fois stomacale, que les abeilles nourrissent leurs nymphes et leurs reines. Tout le miel de la ruche n'est du reste qu'un nectar collectif régurgité. Chez les termites, l'organe altruiste est tantôt l'estomac, et plus souvent le ventre. Y a-t-il quelque rapport entre l'altruisme plus ou moins complet de cet organe et le degré de civilisation des trois espèces ? Je ne sais, mais s'il fallait les comparer entre elles, je mettrais au premier rang la fourmi, ensuite le termite et enfin, au dernier, malgré le prestige de sa vie éclatante, le miracle de ses constructions, de sa cire et de son miel, notre abeille domestique.

Supposons un instant que nous possédions un organe à peu près semblable. Que serait une humanité qui n'aurait plus d'autre souci, d'autre idéal, d'autre raison de vivre que le don de soi et le bonheur d'autrui ; d'une humanité où travailler uniquement pour le prochain, où le sacrifice permanent et total serait la seule joie possible, la félicité essentielle, en un mot la volupté suprême dont nous n'apercevons qu'un éclair fugitif dans les bras de l'amour ?

Malheureusement, nous sommes faits de telle sorte que c'est tout le contraire qui est vrai. L'homme est le seul animal social qui ne possède pas d'organe social. Est-ce pour cette raison qu'il ne peut être qu'un socialiste ou un communiste précaire et artificiel ? Il ne nous est possible de subsister qu'en vivant concentriquement, au lieu que les fourmis sont naturellement centrifuges. Les pivots ne tournent pas dans le même sens. Chez nous, tout est nécessairement, organiquement, fatalement égoïste. C'est en donnant que nous outrepassons notre loi vitale, que nous nous trahissons, par un effort qui nous fait sortir de la règle et que nous appelons un acte de vertu. Chez elle, au rebours, c'est en se sacrifiant, en se prodiguant qu'elle suit sa pente naturelle ; c'est en refusant qu'elle se vainc et transgresse son altruisme instinctif. Les pôles de la morale sont invertis.

Nous possédons aussi un organe altruiste, mais sur un autre plan. Nous l'avons dans l'esprit et parfois dans le cœur, mais n'étant pas physique, il est sans efficace. La fonction, l'insistance spirituelle et morale finiront-elles, comme le croient les transformistes, par créer l'organe matériel ? Il n'est pas impossible. Dans la nature, avec la complicité des siècles ou des millénaires on peut entrevoir des prodiges que l'on n'ose espérer. Néanmoins, il faut avouer que le prodige semble moins imminent qu'autrefois et que bien des époques furent plus généreuses que la nôtre. Les religions étaient comme l'amorce ou l'ébauche d'un organe altruiste et collectif qui promettait dans un autre monde les voluptés que la fourmi éprouve à se donner en celui-ci. Nous sommes en train de les extirper ; et il ne nous reste que l'organe égoïste et individuel de l'intelligence qui peut-être se dépassera quelque jour et brisera son cercle, mais Dieu sait quand.

Enfin ne perdons pas de vue que même chez les fourmis, cette universelle charité, cette communion perpétuelle, n'empêche pas les guerres. Il est vrai qu'elles sont moins fréquentes et moins cruelles qu'on ne croit.

## LA FONDATION DE LA CITÉ

### I

Le gouvernement et l'ordre, dans la fourmilière, sont mieux équilibrés et plus stables que dans la ruche sujette chaque année et souvent plus d'une fois dans l'année, à des troubles dynastiques ou matrimoniaux qui mettent en péril ses richesses et son avenir. D'autre part, chez les termites, la célébration de noces où les époux périssent par milliers, est extrêmement onéreuse pour la communauté et ouvre parfois à l'ennemi les portes de la cité.

Dans le monde des fourmis, les vols nuptiaux où les mâles rencontrent et fécondent une fois pour toutes les femelles, ont moins d'apparat et sont plus économiques. Comme il sied à l'humble livrée de l'insecte, ils rappellent de modestes noces campagnardes. Néanmoins, étant assez souvent célébrées le même jour, en vue de la fécondation croisée, par toutes les fourmilières d'un canton, elles provoquent une certaine effervescence dans le ciel et surtout à la surface des fourmilières où les ouvrières, inquiètes et surexcitées, conduisent hors du nid et, comme pour les encourager ou leur faire leurs adieux, accompagnent, aussi loin qu'elles peuvent, les femelles qui vont accomplir leur périlleux devoir et qu'elles ne reverront plus ; car pour les fourmis comme pour les termites, l'amour a presque toujours le même visage que la mort, pas un des mâles ne survivra, et sur mille vierges qui se sont élancées vers le ciel, deux ou trois tout au plus rempliront leur destinée et connaîtront les misères que nous allons décrire.

Du reste, une police prévoyante et bien organisée veille aux entrées et aux abords du nid et ne permet pas que toutes les femelles prennent leur vol sans retour. Il ne faut pas que la cité soit privée de jeunes mères et vidée de son avenir. Elles retiennent de force, en se cramponnant à leurs pattes, celles qu'elles trouvent sur le dôme de la colonie et qu'on ne sait quel sort a désignées, leur arrachant les ailes, et les ramènent dans les souterrains où elles resteront prisonnières jusqu'à la fin de leurs jours. Qui les compte et proportionne leur nombre à l'importance et aux besoins de la république ?


## II

Il serait inutile d'essayer de décrire mieux que ne le fit Réaumur, ces humbles scènes nuptiales qu'il fut le premier à signaler. Voici le tableau qu'il trace de sa découverte qui du reste n'eut aucun retentissement puisqu'elle demeura ensevelie dans un manuscrit qu'on vient tout récemment de publier en Amérique.

« Étant en route pour le Poitou, et me trouvant sur la levée de la Loire, assez proche de Tours, dans un des premiers jours du mois de septembre 1731, je descendis de ma berline, invité à me promener par la beauté du lieu, et par un air tempéré que la chaleur avoit faite pendant le reste du jour, rendoit très agréable. Le soleil ne devoit plus rester sur notre horizon que pendant une heure. Dans ma promenade je vis beaucoup de petits tas de grains sablonneux et terreux élevés au-dessus des trous qui conduisoient les fourmis à leur habitation souterraine. Plusieurs de celles-ci se tenoient alors en dehors ; elles étoient rouges ou plutôt rousses et d'une grandeur médiocre. Je m'arrestai à considérer plusieurs de ces monticules de terre, et je remarquai sur chacun, parmi les fourmis non aislées, des fourmis aislées de deux grandeurs fort différentes, les unes n'avoient pas le corps plus gros que celui des fourmis sans aisles, et, à en juger à la vue simple, une des autres devoit peser plus de deux ou trois de ces dernières. Sur cette belle levée où je me promenois avec plaisir, paroissoient en l'air dans des endroits peu éloignés les uns des autres de petites nuées de gros moucherons qui voloient très vite en tournoyant, et qu'on devoit soupçonner être ou des cousins, ou des tipules, ou des mouches papillonnacées. Souvent la petite nue se tenoit dans l'air à une hauteur où la main pouvoit atteindre. Je me servis d'une des miennes pour prendre de ces mouches, et j'en pris à bien des reprises différentes. Toutes celles dont je me rendis maître ne devoient pas m'être difficiles, à reconnoitre pour ce qu'elles étoient ; c'étoient des fourmis aislées, semblables à celles que je trouvois à chaque pas sur les petits tas de terre. Mais une remarque qui étoit aussi essentielle qu'aisée à faire, c'est que je les prenois presque toujours par paire. Non seulement j'en trouvois presque toujours dans ma main une grosse et une petite, le plus souvent je les prenois jointes ensemble, et je les y tenois pendant du temps sans qu'elles se séparassent. La petite étoit posée sur la grosse comme dans les accouplements des mouches ordinaires le masle l'est sur la femelle. Le derrière de la petite fourmi étoit recourbé pour s'appliquer sur celui de la fourmi femelle ; et il y étoit si adhérent qu'il falloit avoir recours à la force pour l'en séparer. Le corps de ce petit masle n'avoit qu'à peine la moitié de la longueur de celui de la femelle, aussi ne pouvoit-il couvrir que la partie postérieure du corps de celle-ci. Je pressai le corps de quelques-unes des grandes fourmis et j'en fis sortir des grappes d'œufs. »

## III

Chaque femelle a cinq ou six époux qu'elle emporte parfois dans son vol et qui attendent leur tour, après quoi, rabattus sur le sol, ils y périssent au bout de quelques heures. L'épouse fécondée descend, cherche un gite dans l'herbe, décroche ses quatre ailes qui tombent à ses pieds comme une robe de noce à la fin de la fête, brosse son corselet et se met à creuser le sol afin de se cloîtrer dans une chambre souterraine et de tenter d'y fonder une colonie nouvelle.

La fondation de cette colonie qui bien souvent n'aboutit qu'au désastre est l'un des épisodes les plus pathétiques et les plus héroïques de la vie des insectes.

Celle qui sera peut-être la mère d'un innombrable peuple, s'enfonce donc dans la terre et s'y façonne une étroite prison. Elle ne possède d'autres vivres que ce qu'elle porte dans son corps, c'est-à-dire, dans le jabot social, une petite provision de rosée miellée, sa chair et ses muscles, surtout les puissants muscles de ses ailes sacrifiées qui seront entièrement résorbés. Rien ne pénètre dans sa tombe qu'un peu d'humidité, provenant des pluies et peut-être de mystérieux effluves dont on ignore encore la nature. Patiemment elle attend que s'accomplisse l'œuvre secrète. Enfin quelques œufs se répandent autour d'elle. Bientôt, de l'un d'eux sort une larve qui tisse son cocon, d'autres œufs s'ajoutent aux premiers, deux ou trois larves en émergent. Qui les nourrit ? Ce ne peut être que la mère puisque la cellule est fermée à tout, hors à l'humidité. Voilà cinq ou six mois qu'elle est enterrée, elle n'en peut plus, elle n'est plus qu'un squelette. Alors commence l'horrible tragédie. Près de mourir d'une mort qui anéantirait du même coup tout l'avenir qui se prépare, elle se résout à dévorer un ou deux de ses œufs, ce qui lui donne la force d'en pondre trois ou quatre, ou bien elle se résigne à croquer une des larves, ce qui lui permet, grâce aux apports impondérables dont nous ne connaissons pas la substance, d'en élever et d'en nourrir deux autres ; et ainsi, d'infanticides en enfantements, et d'enfantements en infanticides, trois pas en avant, deux pas en arrière, mais avec un gain régulier sur la mort, le funèbre drame se déroule durant près d'une année, jusqu'à ce que se forment deux ou trois petites ouvrières débiles parce que mal nourries depuis l'œuf, qui perceront les murs de l'*In Pace* ou plutôt de l'*In Dolore* et iront au dehors chercher les premiers vivres qu'elles rapporteront à leur mère. À partir de ce moment, celle-ci ne travaille plus, ne s'occupe plus de rien et nuit et jour, jusqu'à la mort, ne fera plus que pondre. Les temps héroïques sont révolus, l'abondance et la prospérité prennent la place de la longue famine, la prison se dilate et devient une ville qui d'année en année se répand sous le sol ; et la nature ayant mis fin sur ce point à l'un de ses jeux les plus cruels et les moins explicables, s'en va plus loin répéter les mêmes expériences dont nous ne comprenons pas encore la morale ni l'utilité.

On peut, à propos de cette genèse, faire une remarque assez intéressante sur l'hérédité et les idées innées. Voilà une femelle qui, avant le vol nuptial, n'était jamais sortie, n'avait jamais pris part aux travaux de la fourmilière. Du jour au lendemain, dans sa tombe où plus rien ne pénètre, elle connaît tous les métiers sans les avoir appris. Elle creuse le sol, y pratique des loges, soigne, nourrit ses œufs et ses larves, ouvre la coque de ses nymphes, en un mot, bien que munie d'outils moins parfaits que ceux des ouvrières, parvient à faire tout ce qu'elles font. N'est-ce pas, comme je l'ai dit plus haut, l'âme diffuse et collective de la cité qui veut que chacune des cellules qui la composent la porte tout en soi, même quand elle en est séparée, et continue la vie de la communauté dans le temps et l'espace, comme si c'était la vie d'un être unique qui sait tout et ne mourra qu'à la mort de la terre ?

## IV

Nous venons d'assister à la naissance honnête et normale d'une colonie. Comme d'habitude, Huber fut le premier à l'étudier et la révéler. Ses observations furent complétées par Lubbock, par Mc. Cook et Blechmann (Fourmis rouges et Camponotus tropicaux), par Janet (Les Lasius), par Piéron (les Messors), par Forel (C. Ligniperdus), par Simplex (Lasius flavus), etc. N'importe qui peut répéter et contrôler l'expérience. Il suffit, un soir d'été, qu'elles pullulent jusqu'au fond de nos maisons, de ramasser une douzaine de femelles facilement reconnaissables parce qu'elles sont beaucoup plus grosses que les mâles, et de les cloîtrer dans une boîte pleine de terre où l'on entretient une certaine humidité. J'avertis que le déchet est considérable, d'abord parce qu'il arrive assez souvent que la femelle est vierge ; et plus souvent encore par manque de patience et de soins.

Inutile d'ajouter qu'à cause de l'extraordinaire polymorphisme physique et moral de nos héroïnes, à cause de leur prodigieuse facilité d'adaptation aux circonstances les moins habituelles, une cité se fonde de bien d'autres façons. Les Raptiformica et leur parenté, par exemple, commencent la leur en expulsant simplement de ses demeures une tribu de de Serviformica Fusca. D'autres fois, les fourmis de deux ou trois races différentes se cotisent et unissent leurs ressources ; d'autres enfin ont recours à l'adoption, à l'alliance volontaire ou forcée, au parasitisme éhonté ou clandestin. Un parasitisme assez ingénieux est celui que pratique l'Harpagonexus Sublevis qui possède des femelles Ergatogynes, c'est-à-dire pareilles aux ouvrières. Ces Ergatogynes, lourdement cuirassées d'invulnérable chitine, s'introduisent de force dans le nid d'une espèce pacifique et en chassent les habitants dont elles élèvent les larves et les nymphes afin d'en faire des nourrices de leurs petits qui ne sont pas encore nés.

Une femelle fécondée, la Carebara Vidua, appartenant à une célèbre race latronesque de l'Afrique du sud, a résolu de façon élégante l'angoissant problème. Cette reine, loin d'être semblable à ses ouvrières, *est trois ou quatre mille fois plus volumineuse qu'elles.* C'est, munie de magnifiques ailes, la Victoire de Samothrace telle que nous la voyons au Louvre, à côté de statuettes d'ivoire. Il est inconcevable que d'œufs à peu près pareils sortent des phénomènes aussi dissemblables. Ce sont là les mystères d'un polymorphisme qui ne semble pas dû principalement, comme celui de l'abeille, au régime alimentaire.

Quoi qu'il en soit, il lui serait aussi impossible d'élever ses enfants lilliputiens qu'à une autruche de couver et de nourrir une nichée d'oiseaux-mouches. C'est pourquoi, dans son vol nuptial, elle emporte, accrochées aux poils de ses pattes, une douzaine de travailleuses aveugles qui se chargeront des besognes domestiques et des soins que réclament les œufs, les larves et les nymphes. Qui les désigne, qui les décide à tenter la tragique aventure ? Une fois de plus nous voici dans les régions monstrueuses où nos plus extravagants cauchemars nous mènent rarement. Mais en constatant d'aussi fantastiques anomalies, d'aussi déconcertantes erreurs, d'aussi effarantes folies de la nature, ne convient-il pas d'admirer la manière dont ceux qui en sont victimes s'ingénient à les réparer ?

## V

Puisque nous avons parlé d'œufs, de larves et de nymphes, élucidons en quelques mots cette question. Lorsque, par une belle journée d'été, nous découronnons une fourmilière, nous voyons apparaître sous le sable ou les aiguilles de pin, une multitude de grains de froment, de seigle ou de riz que nous prenons généralement pour des œufs. Il n'en est rien. L'œuf de la fourmi, très petit, échappe presque toujours à nos regards. Ce que nous apercevons, ce tas de blé en émoi, sur lequel pullulent aussitôt les ouvrières affolées, est formé de larves issues des œufs presque invisibles. Vues au microscope, elles prennent des aspects fantastiquement humains. Elles ont l'air de momies égyptiennes dans leur cercueil de sycomore au masque doré, ou d'enfants vieillots, renfrognés, sardoniques, comme si la nature avait hésité entre l'homoncule et l'insecte, soigneusement emmaillotées, encapuchonnées et pourvues de tétines pendantes. Elles sont tantôt nues, simplement repliées sur elles-mêmes, tantôt enveloppées d'un cocon au sein duquel s'accomplit la métamorphose en nymphe, nymphe qui à son tour demeure nue ou se tisse un cocon d'où, par ses propres moyens ou avec l'assistance des travailleuses, émergera l'insecte parfait, mâle, femelle, ou neutre selon ce qui fut décidé par on ne sait qui, lorsqu'il était encore dans l'œuf ou à l'état de larve. Ne fût-ce qu'au point de vue de la longévité, le sort des trois insectes est fort différent. Les mâles périssent tous après le vol nuptial. Les ouvrières, exposées aux périls sans nombre du dehors, épuisées de travail, ne vivent guère que cinq ou six ans, au lieu que dans les fourmilières artificielles, les seules où l'on soit à même de faire des observations sérieuses et suivies, on a constaté qu'une femelle fécondée pouvait dépasser trois lustres. Au surplus, ce problème de la prédestination qui chez l'abeille dépend de la cellule et de l'alimentation, n'est pas encore définitivement tranché pour la fourmi.

Qui dirige cette prédestination, qui prévoit, qui suppute combien d'ouvrières, de femelles fécondées et de mâles sont nécessaires à la prospérité ? Qui calcule les rapports de ces nombres, qui les fixe et qui les harmonise entre eux ? Nous n'en savons rien, de même que nous ignorons encore, que peut-être nous ignorerons toujours, qui suspend, qui conduit les astres et équilibre leurs mouvements dans les cieux, car le mystère, qu'il se trouve dans le très grand ou dans le très petit, est exactement le même. Reste une dernière question ; comment, dans les puissantes colonies qui ont parfois un demi-siècle d'existence et comptent deux ou trois millions d'habitants, se recrutent les femelles fécondées ? Ces colonies « Polycaliques », ou à nids confédérés, ont besoin d'un certain nombre de pondeuses afin d'entretenir leur population. Chaque espèce résout la difficulté à sa façon. Parfois, après le vol nuptial, au lieu de fonder une cité, la femelle rentre au nid natal. On l'accueille avec plus ou moins d'empressement selon les exigences et les supputations de l'instinct collectif. Souvent les ouvrières ramassent, près des portes, les femelles fécondées qu'elles jugent indispensables à l'avenir de la colonie, les dépouillent de leurs ailes et les font rentrer dans la maison. Parfois, elles partent à la recherche d'une étrangère de leur race ou d'une famille assimilable, ou adoptent une voyageuse qui se présente ; d'autres fois, et assez fréquemment, l'union entre frère et sœur ou l'adelphogamie, comme disent les entomologistes, s'accomplit dans le nid même, tant nos modestes héroïnes, quand il le faut, savent plus aisément que nous modifier ou tourner leurs lois fondamentales, se prêter à toutes les circonstances et en tirer parti.

## LES NIDS

### I

Le logis des fourmis n'a pas la splendeur ambrée et parfumée du palais des abeilles, non plus que les dimensions formidables et la solidité granitique de la citadelle des termites. Afin de comparer les architectures et de se rendre compte de ce qui se passe en ces étranges demeures, il faudrait les mettre à l'échelle de l'homme. Nous verrions alors que dans la ruche domine une géométrie hallucinante, fastueuse, décorative et innombrable qui nous paraîtrait infiniment plus sélénétique que terrestre. Dans la termitière s'affirmerait le monstrueux triomphe du ciment armé et du style vertical dans une montagne de pierre haute de six cents mètres, et perforée comme une éponge. Enfin, dans la fourmilière, nous aurions avant tout le style horizontal, aux méandres sans plans et sans nombre, étendant à l'infini des villes catacombales dont nul d'entre nous, si elles étaient à notre taille, ne sortirait vivant.

L'architecture des fourmis est multiforme comme leurs corps et leurs mœurs. On pourrait même dire qu'il y a autant d'espèces de fourmilières qu'il y a d'espèces de fourmis. Mais toutes se ramènent à quatre ou cinq types principaux.

Neuf fois sur dix leur domicile est souterrain et creusé à même le sable ou la terre argileuse que percent des couloirs aux innombrables ramifications. Il compte parfois plus de vingt étages dans sa partie supérieure, et, pour le moins, autant au-dessous du sol. Chaque étage a sa destination propre que détermine surtout la température, les parties les plus chaudes étant réservées à l'élevage. Mais il est inutile de s'arrêter à ces détails que tout le monde connaît, car il n'est personne qui n'ait entr'ouvert ou bouleversé une fourmilière. L'entrée est tantôt soigneusement dissimulée, tantôt franchement apparente ou même ostentatrice, en forme de cratère ou surmontée d'un dôme, qui est d'habitude la partie principale de la fourmilière, comme les tumulus d'aiguilles de pin ou d'autres débris végétaux qu'édifient notamment nos fourmis Rousses, nos Pratensis et nos Sanguines. Certains dômes à incubation, analogues à nos couveuses artificielles, de la Formica Rufa, si commune dans nos forêts de pins, atteignent deux mètres de hauteur et ont à leur base neuf ou dix mètres de diamètre. Constatons que la température à l'intérieur de ces coupoles est toujours de dix degrés supérieure à celle de l'air ambiant.

La distribution, galeries, magasins, greniers, salles communes, chambres d'élevage, auxquelles, chez certaines espèces, s'ajoutent des champignonnières, des étables et des celliers, est très variable et même dans deux colonies voisines, de même race et de même importance, ne suit qu'approximativement un plan général que modifient sans cesse les circonstances. C'est ainsi que dans un nid de Lasius, vous trouverez tous les œufs soigneusement rangés près du sommet, puis dans une deuxième chambre, les larves classées selon leur taille et au fond, dans une troisième pièce, les cocons ; au lieu que dans un autre nid d'identiques Lasius, tout est entassé pêle-mêle et, semble-t-il, au hasard, ce qui montre une fois de plus que l'instinct collectif, dans la fourmilière, comme l'instinct collectif des cellules de notre corps qui détermine chez nous la santé ou la maladie, est, en certains détails, presque aussi variable que l'intelligence individuelle dont il se rapproche parfois de façon bien curieuse.

Notons en passant que ces mêmes Lasius, que nous connaissons tous, orientent les dômes où mûrissent leurs œufs et se forment leurs nymphes, de manière à capter le plus de chaleur possible et les suppriment entièrement parce qu'inutiles, dans les contrées subtropicales.

## II

Les nids souterrains ont, en général, une profondeur de trente à quarante centimètres, mais parfois, notamment chez les fourmis moissonneuses, s'enfoncent à plus d'un mètre cinquante dans le sable où s'étendent les greniers, tandis qu'à la surface s'élève un groupe de sept ou huit cratères communiquant entre eux, pour ne former qu'une colonie qui couvre une superficie de cinquante à cent mètres carrés. Mais nous retrouverons plus loin ces moissonneuses ainsi que les fourmis champignonnistes, fileuses et pastorales.

Quant aux colonies nettement polycaliques ou confédérées, telle que la colonie de Formica Exsecta que Forel rencontra dans le Jura, elles comptent parfois deux cents nids dont chacun renferme de cinq mille à cinq cent mille habitants et peuvent occuper une aire circulaire d'un rayon de deux cents mètres. De son côté, le Révérend Mc. Cook, observateur très sérieux et très consciencieux, nous parle d'une ville immense peuplée de Formica Exsectoïdes qui, en Pennsylvanie, couvrait une superficie d'une vingtaine d'hectares et était formée de seize cents nids dont plusieurs mesuraient près d'un mètre de hauteur et quatre mètres de circonférence à la base. Comparant son volume à la taille de l'insecte, Mc. Cook calcule qu'il représente quatre-vingt-quatre fois celui de la grande pyramide. C'est vous dire qu'à côté de ces prodigieuses agglomérations mises à l'échelle humaine, Londres et New-York ne seraient plus que des villages. Du reste, leur organisation n'est pas encore parfaitement connue.

### III

C'est dans ces demeures sans lumière, – la fourmi comme l'abeille et le termite aime l'obscurité, – que s'écoule toute la vie des reines et une grande partie de l'existence des ouvrières. Les jours et les nuits, car du moins durant l'été, on ne chôme jamais, sont consacrés « aux travaux ennuyeux et faciles » du ménage, aux nettoyages, à la préparation des aliments, puisqu'il faut transformer en nourriture liquide, en hachis, en pâtes ou en bouillies, les légumes, les graines, les fruits, le gibier rapporté. Il y a encore les régurgitations continuelles qui procurent de réciproques et inépuisables délices, l'entretien de la voirie au dedans et au dehors, le service très absorbant des mères qu'il faut escorter, guider, surveiller, suralimenter, laver, brosser, caresser ; les soins de toute nature prodigués aux œufs léchés sans relâche et avec insistance afin de les nourrir par endosmose, aux larves et aux nymphes qu'il importe de tourner, retourner, constamment déplacer et exposer selon les heures aux endroits favorables. Il y a en outre la toilette personnelle et mutuelle, car la fourmi est d'une propreté maniaque et, avec l'aide de ses compagnes, se peigne, se frictionne, se polit et s'astique vingt fois par jour. Il y a enfin les jeux, luttes amicales, petits combats sportifs et débonnaires signalés par Huber dont les observations qu'on crut d'abord imaginaires furent depuis confirmées par Forel, Stumper et Stäger.

Je ne résiste pas au plaisir de citer la page qu'il y consacre, afin que vous entendiez, une fois de plus, la vénérable voix abondante et paisible du père de la myrmécologie : « Je m'approchai un jour de leurs fourmilières exposées au soleil et abritées du côté du nord. Les fourmis étoient amoncelées en grand nombre et sembloient jouir de la température qu'elles trouvoient à la surface du nid. Aucune d'elles ne travailloit : cette multitude d'insectes accumulés offrait l'image d'un liquide en ébullition, sur lequel les yeux avoient d'abord peine à se fixer. Mais quand je m'appliquois à suivre séparément chaque fourmi, je les voyais s'approcher en faisant jouer leurs antennes avec une étonnante rapidité ; leurs pattes antérieures flattoient par de légers mouvements les parties latérales de la tête des autres fourmis : après ces premiers gestes, qui ressembloient à des caresses, on les voyoit s'élever sur leurs jambes de derrière deux à deux, lutter ensemble, se saisir par une mandibule, par une patte ou par une antenne, se relâcher aussitôt pour s'attaquer encore ; elles se cramponnoient au corselet ou à l'abdomen l'une de l'autre, s'embrassoient, se renversoient, se relevoient tour à tour, et prenoient leur revanche sans paraître se faire de mal ; elles ne lançoient pas de venin, comme dans leurs combats, et ne retenoient pas leurs adversaires avec cette opiniâtreté que nous avons observée dans leurs querelles sérieuses : elles abandonnoient bientôt les fourmis qu'elles avoient saisies, et tâchoient d'en attraper d'autres : j'en ai vu qui avoient une telle ardeur dans ces exercices, qu'elles poursuivoient successivement plusieurs ouvrières, luttoient avec elles pendant quelques instants, et le combat ne finissoit que lorsque la moins animée, après avoir renversé son antagoniste, réussissoit à s'échapper en se cachant dans quelque galerie. Je retournai souvent auprès de cette fourmilière qui me donnoit presque toujours le même spectacle ; quelquefois cette disposition étoit générale : partout il se formoit des groupes de fourmis luttant ensemble, et je n'en vis jamais aucune sortir de là blessée ou mutilée. »

## IV

Et pour finir, bien qu'il paraisse invraisemblable, il y a le repos. Nous croyons en effet que la fourmi, dont l'activité nous semble frénétique, qui s'agite nuit et jour, comme une étincelle dans une botte de paille, ignore nécessairement et totalement la fatigue. Elle subit la grande loi de cette terre, elle a besoin parfois de se replier sur elle-même, de rassembler ses forces et d'oublier la vie. Quand, chargée d'un butin trois ou quatre fois plus lourd qu'elle, après une longue aventure, elle rentre au logis, ses compagnes qui gardent les portes s'empressent, et d'abord demandent la régurgitation par quoi commence et finit tout événement notable en leur monde, ensuite elles essuyent la poussière qui la couvre, la brossent, la caressent et la mènent à une sorte de dortoir réservé, loin du tumulte de la foule, aux voyageuses exténuées. Elle y sombre bientôt en un sommeil si profond que même l'attaque de la fourmilière qui met en émoi jusqu'aux infirmes, ne la réveille qu'à demi et qu'au lieu de combattre elle ne pense qu'à fuir.

# V

Des citoyennes du sous-sol passons rapidement aux fourmis arboricoles. Les unes vivent à l'intérieur des arbres dont, à la façon des termites, elles taraudent, creusent et évident le tronc en ayant soin d'en respecter l'écorce. Elles sculptent leur demeure à même le bois, comme l'avaient fait, à même le tuf, les habitants des Baux, y superposant de nombreux étages « dont les plafonds, comme le dit Huber, aussi minces qu'une carte à jouer, sont supportés tantôt par des cloisons verticales qui forment une infinité de cases, tantôt par une multitude de petites colonnes assez légères qui laissent voir entre elles la profondeur d'un étage presque entier, le tout d'un bois noirâtre et enfumé ».

Quand on dégage un de ces nids, on a l'impression de tenir dans les mains on ne sait quel objet d'art compliqué, baroque, minutieux, hallucinant dont seuls certains ossements préhistoriques, perforés et ciselés par des millions d'années, peuvent donner une idée approximative.

Le Lasius Fuliginosus, ainsi nommé parce qu'il enfume le bois qu'il travaille, forme parfois d'énormes colonies confédérées dont l'innombrable population occupe huit ou dix troncs d'arbres et semble obéir aux mêmes lois, aux mêmes impulsions centrales.

D'autres fourmis, sous les tropiques, attachent leurs nids, souvent énormes, à l'aisselle des grosses branches, où ces volumineuses excroissances prennent plus ou moins la couleur de l'écorce. Elles sont faites d'une sorte de carton analogue à celui que fabriquent nos guêpes.

Notons encore les nids installés, soit dans des cavités naturelles adaptées aux besoins de l'insecte, soit dans les tiges creuses de certaines plantes où parfois les petites colonies trouvent en même temps, comme dans les contes de fées, le logis et la nourriture ; ensuite les fourmis à nids nomades qui vivent pour ainsi dire sous la tente, et dans leurs expéditions incessantes, se contentent de n'importe quel domicile provisoire où elles abritent, durant la nuit, leurs larves et leurs nymphes. Enfin, n'oublions pas les nids tissés par les fileuses à navette qui, dans le monde myrmécéen et même dans le monde animal tout entier, occupent le sommet de la hiérarchie intellectuelle. Mais nous en reparlerons plus longuement dans le chapitre qui leur sera consacré, car elles méritent mieux qu'une simple mention.

## VI

Il va sans dire que dans tous ces nids ténébreux et jalousement clos, il est à peu près impossible de faire des observations fructueuses ; c'est pourquoi les myrmérologues, comme du reste l'avaient fait avant eux les apiculteurs, ont imaginé divers appareils qui leur permettent de suivre d'heure en heure, sans la troubler sensiblement, la vie familière des fourmis que l'on veut étudier. Swammerdam, dans sa *Biblia Naturæ*, publiée en 1737, décrit le premier nid artificiel dont il soit fait mention. Il déposait simplement les fourmis capturées dans un plat garni de terre ameublie et entouré d'une rigole de cire remplie d'eau.

Huber qui ne pouvait connaître les « Poudriers » de Réaumur, cinquante ans plus tard, agença une petite table dont le dessus était pourvu d'une fente longitudinale, disposa dessous une caisse vitrée, fermée de volets de bois, car les fourmis, comme les abeilles, ne travaillent que dans l'obscurité, et surmonta le tout d'une cloche de verre, afin que les insectes pussent édifier leurs étages supérieurs.

Depuis, on a fait mieux. Forel, Lubbock, Wasmann, Miss Adèle Field, Charles Janet, Wheeler, Santschi, Brun, Meldah, Kutter, perfectionnèrent l'ébauche en l'adaptant au genre de fourmis dont ils s'occupaient. Nous avons tous vu dans les expositions les nids de plâtre de Charles Janet, qui sont très pratiques mais conviennent surtout aux races de petite taille.

Ces nids de plâtre qui reproduisent aussi fidèlement que possible les dispositions et les méandres d'une fourmilière naturelle, permettent notamment de se rendre compte de l'esprit d'organisation et d'emménagement que déploient nos insectes dans des circonstances tout à fait anormales et imprévues ; et surtout de la méticuleuse propreté qu'ils entretiennent en leurs demeures. Par exemple, dans un nid Janet, habité par une petite colonie de Solenopsis Fugax, et composé de trente-trois chambres, quatorze étaient réservées à des nymphes presque mûres, une renfermait d'un côté des nymphes moins avancées et de petites larves, sept contenaient des larves de moyenne grandeur, cinq étaient remplies d'énormes larves de Solenopsis ailés, une chambre était occupée par la reine, quatre demeuraient disponibles, et une seule, dans la partie sèche de l'appareil et la plus éloignée de l'entrée, servait de débarras ou de cloaque où les ouvrières venaient déverser les détritus et vider les sacs que les larves expulsent au commencement de la nymphose et où s'accumulent les résidus des aliments reçus depuis leur éclosion. D'autres nids, plus importants, comptent deux ou trois cloaques, et les excréments des fourmis étant toujours liquides, la teinte spéciale que prend le plâtre de l'un des réduits révèle clairement sa destination exclusive.

C'est ainsi que dans leur prison, sans communications avec le dehors, elles improvisent des installations sanitaires que nos ingénieurs, dans des circonstances aussi difficiles, seraient fort en peine d'améliorer.

L'appareil le moins compliqué et le plus commode pour les observations élémentaires est encore celui de Lubbock. Il est formé de deux verres à vitre de 20 à 30 centimètres carrés, éloignés l'un de l'autre de 3 à 6 millimètres, selon l'espèce à étudier, c'est-à-dire juste assez pour permettre aux fourmis de se mouvoir librement. On les réunit par un cadre de bois, on remplit l'intervalle de terre fine légèrement humide et l'on recouvre le tout, parce que la vie intime des insectes sociaux aime l'ombre. On peut étager plusieurs de ces nids sur un même support qu'on a soin d'entourer d'eau ou, mieux, de plâtre pulvérulent afin d'empêcher les évasions.

Grâce à ces appareils, on a forcé les secrets de la fourmilière, tout au moins la plupart de ses secrets matériels. Quant aux autres, secrets politiques, économiques, psychologiques, et moraux, nous sommes encore bien loin de les pénétrer.

## LES GUERRES

### I

Seules, entre tous les insectes, les fourmis ont des armées organisées et entreprennent des guerres offensives. Les termites entretiennent des soldats, mais ces soldats n'attaquent jamais. Ils sont exclusivement consacrés à la défense de la cité ou à la protection des ouvriers sans armes qui vont fourrager aux alentours de la forteresse. Chez les abeilles, l'agression proprement dite est également inconnue. Il est vrai que parfois, une ruche affaiblie ou désorganisée ou qui, à la suite d'une rupture de rayon ou de quelque catastrophe intérieure, laisse couler ou suinter son miel, éveille la cupidité des voisins et provoque le pillage. Il se produit alors des échauffourées plus ou moins violentes entre défenseurs et larrons ; mais ce sont plutôt des bagarres accidentelles que de véritables batailles. Hors ces cas exceptionnels, le respect de la vie et de la propriété d'autrui est absolu dans le monde des abeilles.

Il n'en va pas de même dans celui des fourmis. Les fourmis sont généralement pacifiques. Elles évitent les violences inutiles. Mais la forme même de leur civilisation plus raffinée incite presque irrésistiblement les plus intelligentes d'entre elles à porter la guerre chez des races moins belliqueuses et plus accommodantes, dont l'association ou l'alliance leur est devenue à peu près indispensable. C'est en quoi elles se rapprochent étrangement des plus hautes civilisations humaines ; comme si la morale de cette terre, de la nature, de la Providence ou de l'esprit de l'Univers voulait, en attendant mieux, qu'il en soit ainsi.

## II

Du reste, leur polymorphisme physique et moral est infiniment plus étendu, plus varié que celui des termites, des abeilles et des humains. Des fourmis les plus primitives, les Ponérines, qui descendent directement de la pré-fourmi inconnue des premiers âges géologiques et dont l'activité est encore individuelle, aux espèces les plus avancées, champignonnistes, esclavagistes, fourmis à outils ; des plus inoffensives, des plus pacifiques qui ne se défendent jamais, Formicoxenus et Myrmecina, jusqu'aux plus vaillantes, Polyergus Rufescens, Dorylines, Ecitons, qui jamais ne fuient, on compte bien plus d'échelons, bien plus de transitions que de nos Polynésiens ou Fuégiens les plus abrutis, aux grandes nations blanches qui guident l'homme sur cette terre. La forme, les couleurs et la taille diffèrent autant que l'intelligence et les mœurs. La Polyrhachis Appendiculata, d'Australie, par exemple, dont le thorax est formé de deux écrous plats, surmontés d'un gros bouton de jais et terminé par une lourde ampoule d'ambre, mise à côté de l'Orectognatus Sexspinosus d'Australie qui a une tête de cheval sur un corselet laminé et épineux, dans lequel est insérée une longue tubulure filiforme qui finit en poire transparente, semblent aussi étrangères l'une à l'autre que l'hippopotame l'est à la sauterelle ; et la Tetramorium Cœspitum qui ose attaquer la Formica Pratensis évoque une fouine aux prises avec un éléphant.

Il est naturel que les armes soient aussi différentes que les corps. En fait d'armes offensives, toutes les fourmis possèdent des mandibules, dont l'aspect, toujours assez monstrueux, est extrêmement varié. Elles forment des tenailles ou des cisailles, les unes courtes, trapues comme des daviers, les autres longues comme des faucilles parfois terminées par une pointe aiguë qui perce d'un seul coup le crâne de l'adversaire. Il y en a dont le double tranchant dentelé permet de scier le cou, les pattes ou le thorax de l'ennemi ; il y en a enfin qui en possèdent deux paires imbriquées. Outre les mandibules, quelques espèces sont pourvues d'un aiguillon et d'un sac à venin comparable à celui des abeilles ; mais cette arme tend à s'atrophier. Elle est généralement remplacée par une poche anale, sorte de vaporisateur, capable de projeter à une certaine distance une nuée de gouttelettes empoisonnées qui paralysent ou engluent l'antagoniste. Elles semblent du reste répugner à l'emploi de cette arme dont elles n'usent qu'en cas d'urgence et dans les grands combats ; soit qu'elles ne désirent pas la mort de l'ennemi, soit qu'elles craignent les chocs en retour de cette artillerie portative ; car souvent leur propre venin les empoisonne.

### III

Il est également naturel que les habitudes guerrières soient aussi diverses que les corps et les armes. Tous nos genres de guerres se retrouvent dans leur monde : guerres ouvertes, attaques foudroyantes, levées en masse, guerres d'embuscades, de surprises, d'infiltrations sournoises, guerres acharnées et exterminatrices, guerres incohérentes et molles, sièges et investissements aussi sagement ordonnés que les nôtres, défenses magnifiques, assauts furieux, sorties désespérées, retraites affolées ou stratégiques, parfois même, mais très rarement, échauffourées entre alliées, etc. Nous n'avons pas l'intention d'en recenser toutes les formes ; la description trop détaillée en serait fastidieuse et appartient aux monographies techniques où il est facile de les retrouver. Mais de cet inextricable fouillis se dégagent quelques lois générales qui donnent un caractère particulier à leurs hostilités.

D'abord, au rebours de ce qu'affirme une légende aussi ancienne que celle de leur égoïsme, comme je l'ai déjà dit, la plupart des espèces sont résolument pacifiques, ce qui ne les empêche point, lorsqu'elles sont attaquées, de déployer pour la défense de la cité un courage presque toujours supérieur à celui de nos troupes les plus héroïques. Elles tiennent rarement compte du nombre ou de la taille des assaillants. D'ailleurs, devant leur attitude menaçante, l'agresseur renonce parfois à ses desseins ou, dès les premiers chocs qui lui semblent trop durs, prend la fuite sans vergogne.

Si puissantes, si bien armées, si redoutables qu'elles soient, ces fourmis pacifiques respectent généralement le bien d'autrui, n'abusent pas de leur force, évitent toute occasion, toute cause de conflit et ne s'occupent, discrètement et exclusivement que des affaires de leur fourmilière. La Néomyrma Rubida, par exemple, la plus terrible des fourmis d'Europe, pourvue d'un aiguillon mortel, n'attaque jamais d'autres colonies.

## IV

Malheureusement pour la paix et le bonheur du monde myrmécéen, il existe, comme dans le monde humain, un certain nombre de races, généralement les plus riches et les plus fortes, qui n'ont pas les mêmes scrupules et qui, sans faire de la guerre leur métier exclusif, trouvent tout naturel de s'emparer de ce qui ne leur appartient point ; et surtout, sous forme de razzias périodiques, d'enlever avant sa naissance toute la jeunesse d'une cité voisine, afin de la réduire en esclavage. On constate à regret que ce sont les espèces les plus civilisées, les plus intelligentes qui sont le moins honnêtes.

Il faudrait ici, selon l'usage, reproduire le récit d'une de ces batailles entre fourmis, si consciencieusement observées et décrites par Huber, une expédition de Sanguines ou d'Amazones, par exemple. Il est impossible de faire mieux. Malheureusement elles sont assez longues, mais se tiennent si bien qu'on ne sait où pratiquer des coupures. Je renvoie donc au texte même qu'on va du reste, je crois, prochainement rééditer.

Parmi ces fourmis belliqueuses, les Sanguines ou Raptiformica

Sanguinea, sont fort communes en Europe où on les trouve généralement le long des haies exposées au midi. Viehmer, Wasmann, Wheeler et Forel les ont spécialement étudiées. Les Sanguines entreprennent chaque année, durant la belle saison, deux ou trois razzias d'esclaves. Rien n'est stratégiquement mieux organisé, mieux combiné que ces expéditions. En voici une, observée par Forel, dont je me permets d'abréger le récit parfois trop détaillé et un peu diffus.

Après avoir envoyé des éclaireurs reconnaître la fourmilière d'une autre espèce, dans le cas présent, une fourmilière de Glebarias qu'il s'agit de piller, un beau matin, par petites troupes, elles se dirigent vers le nid convoité qu'elles encerclent peu à peu. Alertées, les assiégées s'affolent autour des portes qu'elles barricadent de leur mieux au moyen de petits grains de sable qui pour elles représentent des moellons. Alors, sur un signal venu on ne sait d'où, – car les ordres partent d'une source plus mystérieuse encore que dans la ruche ou dans la termitière, – les assaillants se précipitent en masse. Les défenseurs tentent de résister, mais, débordés, bousculés, culbutés, désespérés, rentrent au nid pour en ressortir chargés de leurs nymphes qu'ils veulent sauver à tout prix et dont le nombre est tel qu'elles changent un moment la couleur de la mêlée qui de fauve qu'elle était, pavoisée d'avenir, devient blanche. Mais les agresseurs leur arrachent leur trésor, provisoirement l'emmagasinent près des issues, laissent passer les mères fécondées et les ouvrières sans bagages et, comme les douaniers inflexibles, forcent toutes celles qui portent des larves ou des nymphes à déposer leur fardeau. Ils ne font du reste aucun mal à qui résiste point ou ne se défend pas par le poison.

Ayant rattrapé quelques Glebarias qui avaient réussi à s'échapper et à dissimuler dans l'herbe un certain nombre de leurs enfants, ils s'emparent de ceux-ci, et bientôt s'établit entre la cité mise à sac et la ville victorieuse où le butin vivant est transporté, un va-et-vient qui dure souvent deux ou trois jours, c'est-à-dire jusqu'à épuisement total de la fourmilière investie.

Au contraire de ce qu'on serait porté à croire, il n'y a pas de massacres et très peu de victimes restent sur le carreau. Les occupants sont simplement expulsés et émigrent pour ne plus revenir à leur nid qui, la translation des nymphes terminée, abandonnée par le conquérant, ne tarde pas à tomber en ruines. Selon le principe des fourmis, l'opération jugée nécessaire s'est accomplie en faisant à autrui le moins de mal possible.

Au seuil de leur patrie nouvelle, les œufs, larves et nymphes des Glebarias razziées, sont accueillis par des esclaves de leur propre race qui les soignent, les nourrissent, les élèvent jusqu'au jour où ils seront à même de prendre service à leur tour dans la demeure de leurs conquérants. C'est ainsi que se recrute la domesticité dans le monde des fourmis esclavagistes.

## V

Du reste il n'est pas question d'esclavage proprement dit, et Huber, il y a plus d'un siècle, trouvait déjà le mot déplacé. C'est bien plutôt une adoption intéressée qui ne tarde pas à se transformer en une sorte de maternité nourricière. Mais au rebours de ce qui paraîtrait vraisemblable, ce sont les vaincus qui adoptent les vainqueurs et ceux-ci deviennent les enfants des victimes de leur rapt, à tel point que dans certaines colonies trop civilisées, ils ne sont plus capables de se nourrir sans leur aide. Ces esclaves volontaires sont aussi libres que leurs ravisseurs, sortent du nid quand il leur plaît, vont et viennent où ils veulent, restent fidèles à leurs maîtres jusqu'à la mort et, à l'occasion, combattent à leur côté contre ceux de la souche dont ils sont issus. Cette occasion ne se présente pas dans la vie normale, les Glebarias étant essentiellement pacifiques ; mais on peut assez facilement la faire naître en affrontant artificielle-ment deux colonies rivales. Il est probable que dans ces relations domestiques, les mystères de la régurgitation et les secrètes volup-tés de celui qui se donne doivent jouer un rôle prépondérant.

Chez ces Raptiformica Sanguinea, dont l'aire s'étend de la Scandinavie à l'Italie et de l'Angleterre au Japon, la servitude n'est pas toujours organisée de la même façon. Telle fourmilière, par exemple, a plus d'esclaves que de maîtres, telle autre en a peu, telle autre n'en a pas, et des ouvrières, singulièrement rapetissées, en tiennent lieu ; quelques-unes enfin en possèdent qui appar-tiennent à deux espèces : Glebarias et Rufibarbis, qui font bon ménage. Forel a même réussi à faire adopter et élever dans une fourmilière artificielle de Sanguines, huit espèces différentes, à sa-voir, des Serviformicas Glebarias, des Rufibarbis, des Cinereas, des

Formicas Pratensis, Rufas, Exsectas, Pressilabris et des Polyergus Rufescens. Chacune de ces espèces manifestait son activité de façon différente ; les Exsectas et Glebarias étaient très travailleuses, les Sanguines très habiles, les Pratensis fort maladroites et les Polyergus d'une incorrigible paresse. Les représentants d'autres races, jugés inadaptables et inutilisables, étaient immédiatement mis à mort.

Chez certaines esclavagistes, l'entente entre maîtres et serviteurs est encore plus curieuse. Une fourmi observée par H. Kutter et qui porte le nom barbare de Strongylognatus Alpini, dans ses expéditions contre le Tetramorium Cœspitum, envoie ses esclaves au combat et, sans prendre part à la mêlée, se contente de la surveiller et d'intimider l'adversaire par sa seule présence. D'autre part, héréditaires ennemis, le Tetramorium et le Strongylognatus, mis par l'homme dans des conditions anormales ne s'attaquent plus et font même alliance. Tout ceci montre la remarquable souplesse, l'habileté à tirer parti des circonstances, la facilité d'adaptation, c'est-à-dire en un mot l'intelligence qui anime et conduit ce monde que nous commençons à peine d'étudier et auquel nous ne comprenons pas encore grand'chose.

## VI

Notons en passant que dans tous les cas précédents, il s'agit de servitude inconsciente. Les Glebarias et les Rufibarbis, dont la conquête est du reste plus facile, sont esclaves à leur insu puisqu'ils ont été enlevés à l'état d'embryon et n'ont pas connu leur véritable patrie. Leur adaptation est donc assez naturelle.

Seul, entre toutes les espèces raptiformes, le redoutable Strongyonatus Huberi capture et réduit en esclavage des adultes. Il ne semble pas que cette opération hasardeuse lui apporte de sérieux mécomptes, sinon il est probable qu'il y aurait depuis longtemps renoncé.

Néanmoins, ces pratiques qu'on pourrait qualifier de suranimales, ont parfois de singulières conséquences. Wasmann cite entre autres le cas où des Sanguines ayant enlevé les cocons d'une petite colonie de Pratensis, après l'éclosion de ceux-ci, les jeunes Pratensis fourrageant aux alentours retrouvèrent leur mère et la ramenèrent au nid de leurs maîtres afin de remplacer la reine des Sanguines qui venait de mourir ; si bien que la colonie primitive devint peu à peu une république de Pratensis ou fourmis des prés. Une civilisation aussi raffinée, aussi compliquée a nécessairement, comme la nôtre, des contrecoups inattendus.

Mais le grand esclavagiste, c'est le Polyergus Rufescens, la fourmi Amazone ou Légionnaire, comme l'appelle Huber. Elle est, relativement, assez rare. Pour les autres, l'esclavage est un luxe, pour elle une nécessité vitale. Aussi la proportion est-elle renversée. On compte, en général, chez les Sanguines, une esclave pour six ou sept maîtres ; au lieu que chaque Amazone a six ou sept esclaves. L'évolution amorcée chez les Sanguines est ici accomplie. À cause de ses mandibules en faucille, il n'est, comme le soldat des termites, propre qu'à la guerre. Il lui est impossible de manger sans aide et il ne peut prendre sa nourriture qu'à la bouche de ses servantes. Il est en outre aussi incapable de soigner ses petits que de bâtir ou d'entretenir son nid. Au fond de sa tanière, ses heures vides se traînent dans une oisiveté hébétée qu'interrompent seuls le polissage de son armure et les basses sollicitations dont il harcèle les esclaves afin d'en obtenir une gorgée de miel. Sans serviteurs, ces magnifiques guerriers cuirassés d'airain, ces superbes troupes de choc, ces vétérans des grandes guerres auxquels rien ne résiste, sont aussi impotents, aussi empotés, aussi désemparés qu'une chambrée d'enfants à la mamelle. Parmi ces désespérés qui mourraient de faim au milieu d'une ruche et sollicitent piteusement les uns des autres une régurgitation qu'ils ne peuvent s'accorder, introduisez, comme le firent Huber et Forel, une ouvrière de la race ancillaire, et tout est transformé ; c'est la bonne ménagère dans un taudis de célibataires à l'agonie. Allant au plus pressé, elle commence par remplir son jabot, afin de donner à manger à ceux qui meurent de faim, puis elle rassemble le couvain, lui prodigue les soins nécessaires et enfin répare et nettoie le logis. En moins d'une heure, la petite servante au grand cœur a tout remis en ordre dans la malheureuse cité qui n'a d'autre gagne-pain que les armes.


## VII

Organiquement la guerre est donc l'unique métier de l'Amazone, c'est pour elle question de vie ou de mort. Il lui faut à tout prix recruter sans cesse des esclaves. Quels que soient le nombre et la taille de ses adversaires, elle attaque frénétiquement, ne recule jamais et ne vise qu'à la tête. Ses mœurs exclusivement combatives ont fixé son instinct et par conséquent sa tactique qui n'a pas la souplesse ni l'intelligence de celle des Sanguines. Elle n'a pas non plus la clémence et l'aménité de celles-ci qui répugnent à faire à l'ennemi une blessure mortelle que la victoire n'exige point. Pour arracher à la Rufibarbis la proie qu'elle convoite, la Sanguine la houspille ; l'Amazone lui coupe d'abord la tête qu'elle emporte attachée au co-con. Parfois dans la mêlée, elles sont prises d'une véritable frénésie sanguinaire, et déchirent tout ce qui tombe sous leurs mandibules, larves, nymphes, morceaux de bois, leurs compagnons d'armes et aussi leurs esclaves qui tentent de les calmer. Mais ces soudards ont un courage sans égal et soixante d'entre eux mettent en déroute une armée de Sanguines qui pourtant sont de grands stratégistes, de redoutables pirates qui ne manquent pas de cœur.

Du reste, comme déjà l'avait observé Huber, la tactique des assiégés n'est pas la même quand l'attaque est menée par les Sanguines que lorsqu'elle est poussée par les Amazones. Sa remarque s'applique surtout aux victimes qu'il appelle Noires-Cendrées, car à la fin du dix-huitième siècle, les fourmis ne sont pas encore affligées des noms barbarement scientifiques qu'elles portent aujourd'hui. On disait bonnement et familièrement : les Sanguines, les Mineuses, les Roussâtres, les Amazones ou Légionnaires devenues les Polyérgus Rufescens et les Noires-Cendrées qui sont les Formica Fusca de la race des Glebarias actuelles.

Quand donc il s'agit de Sanguines, le premier mouvement des assiégées est de sauver les larves et les nymphes en les amoncelant à l'entrée du nid du côté opposé à l'attaque, afin de pouvoir les emporter plus aisément en cas de défaite. Après quoi, elles se lancent héroïquement dans la mêlée, défendent le terrain pied à pied et si bien qu'assez souvent les assaillants finissent par céder en enlevant rapidement le butin conquis.

Mais quand sont signalées les Amazones, les Noires-Cendrées comprennent que tout est inutile, qu'elles ont affaire à un ennemi foudroyant et sans merci. Une consternation apathique se répand dans la garnison qui n'a plus d'autre espoir que l'assouvissement de l'agresseur.

Forel estime qu'une colonie de mille Polyergus capture en moyenne, chaque année, quarante mille cocons de Fusca ou de Rufibarbis.

## VIII

Chose étrange et qui les rapproche de certaines races humaines, il semble que leurs brutalités et leurs exigences probablement stupides lassent parfois la patience de leurs serfs. Forel, qui a tout vu, fut témoin d'une de ces révoltes d'esclaves. Les Spartacus du souterrain royaume saisissaient leurs maîtres par les pattes, les mordaient et les portaient loin du nid. Préservées par leur cuirasse de chitine, les Amazones subissaient assez tranquillement ces sévices et ne se rebiffaient que s'ils étaient poussés trop loin. Elles prenaient alors la tête de l'insurgé entre leurs terribles faucilles et d'un seul coup, s'il ne lâchait pas prise, la perforaient.

Tout stupide qu'elle se montre dans le train de sa vie guerrière, l'Amazone a parfois des idées remarquables. On en a vu, par exemple, qui, se sentant à l'étroit dans leur demeure et rencontrant une fourmilière abandonnée, la jugèrent plus confortable que la leur, y transportèrent leurs esclaves et après des allées et venues qui prirent plusieurs heures, s'y installèrent définitivement avec eux.

L'Amérique et le Japon nourrissent des Amazones qui ont à peu près les mêmes mœurs que les nôtres et asservissent des races ancillaires qui portent d'autres noms. Il n'y a pas d'intérêt à les énumérer. Entre tous, le Polyergus Breviceps se distingue par une parfaite courtoisie. Il n'exerce jamais la moindre violence sur ceux dont il enlève les enfants.

## IX

Après les raids esclavagistes, moins brutales et moins acharnées, se placent les guerres territoriales. La fourmi a, aussi nettement que l'homme, le sentiment de la propriété. Ce sentiment chez elle ne se borne pas au nid et à ce qu'il contient, mais s'étend aux alentours qu'elle hante, où elle fourrage, et surtout aux réserves où pâturent ses aphididés. Elle ne tolère pas que des émissaires d'une colonie voisine viennent marauder sur ses terres ou dérober une goutte de la miellée que sécrètent les pucerons qu'elle élève, qu'elle parque, qu'elle stabule et qu'elle soigne. Nous trouvons ici les mêmes antinomies que chez l'homme. Nous n'admettons pas qu'on s'empare de ce qui nous appartient, mais nous nous emparons assez volontiers ce qui appartient à autrui. De là des conflits, du reste moins fréquents, moins sournois et moins compliqués que chez nous. Nous y reviendrons dans le chapitre consacré au bétail aphidien.

Une guerre plus spéciale, puisqu'elle n'intéresse que les espèces tropicales, est la guerre contre les termites ; c'est une guerre purement alimentaire ou plutôt une chasse. Le malheureux et d'ailleurs redoutable et ingénieux termite est la proie providentielle, la victime-née de la fourmi qui, dans certaines régions, passe une partie de son existence à guetter l'occasion de s'introduire dans la termitière. Cette occasion, grâce aux précautions prises et à la vigilance des défenseurs, s'offre très rarement. Je renvoie ceux qui voudraient des détails sur ces conflits, à l'excellent opuscule que leur a consacré M. E. Bugnion, sous ce titre : *La Guerre des Fourmis et des Termites*.


# X

Une guerre, dans le monde des fourmis comme dans le nôtre, ne se termine pas nécessairement par l'extermination ou la fuite des vaincus. Elles connaissent aussi bien que nous les bienfaits des armistices, de la paix et les avantages des alliances. La plupart des réactions observées sur ce point ont été artificiellement provoquées, parce que dans la nature, elles doivent être assez rares ou se passer loin de nos yeux. Il n'en est pas moins certain qu'elles montrent une fois de plus que l'intelligence myrmicéenne s'apparente de bien près à celle de l'homme.

Les fourmis d'une même espèce, mais provenant de deux nids différents, si on les verse pêle-mêle dans la même fourmilière artificielle, s'attaquent d'abord avec fureur ; mais bientôt, reconnaissant sans doute l'inutilité et l'imbécillité d'une lutte fratricide, leur effervescence s'apaise, les mandibules se desserrent, les corps à corps se dénouent, une sorte de paix diffuse se répand qui se transforme en alliance que rien ne pourra plus ébranler ; et toutes, comme si elles appartenaient à la même famille, se mettent courageusement au travail dans le domicile qu'on leur a imposé.

Quand il s'agit d'espèces différentes, la paix est plus longue à s'établir. Il est facile de s'en convaincre en reprenant l'expérience de Forel et en mettant par exemple dans le même sac une colonie de Sanguines et de Pratensis. Après les avoir secouées, afin de les bien mélanger, on abouche le sac à une fourmilière artificielle. Il y a d'abord un grand désarroi, puis la bataille s'engage qui dure jusqu'au soir, perdant peu à peu de sa virulence, pour dégénérer en inoffensives bousculades et en menaces sans conviction. Quelques Sanguines et un certain nombre de Pratensis y perdent d'ordinaire la vie. Il est même assez étonnant que les pertes des Sanguines ne l'emportent jamais sur celles de leurs adversaires, car les Pratensis ont à leur disposition un venin redoutable ; mais il est évident qu'elles répugnent à s'en servir.

Deux ou trois jours plus tard, la paix est définitivement conclue et les ennemis d'hier s'entr'aident au transport des larves et des nymphes et fraternellement travaillent à l'amélioration et à l'aménagement de leur nouvelle résidence.

Cette fraternité devient telle qu'elle a une influence sur l'architecture ; car nous avons vu que chaque espèce de fourmis a son style, c'est-à-dire sa façon à elle de choisir, de triturer et d'agencer les matériaux du logis qu'elle édifie ; c'est pourquoi, bien entendu, dans la nature et non point dans une fourmilière artificielle, le dôme d'un nid mixte n'est pas exactement semblable à celui d'un nid de Sanguines ou de Pratensis à l'état pur.

Cette influence des alliés, des auxiliaires ou des esclaves ne s'arrête pas à l'architecture mais s'étend même au caractère et modifie plus ou moins la psychologie et la morale de la fourmilière. Par exemple, comme le fait remarquer Ernest André, les Amazones servies par la timide Formica Fusca acquièrent plus de douceur, de réserve et de lenteur dans leurs mouvements, au lieu que les Rufibarbis vives et décidées communiquent à leurs seigneurs une plus grande activité.

## XI

À ces fourmis belliqueuses, il convient, dans un dernier paragraphe, de joindre les grandes et redoutables fourmis Visiteuses ou Chasseresses de l'Afrique du Sud, de la Guyane, du Mexique et du Brésil : les Dorylini, les Ecitini et les Leptanillini. Elles ne font pas la guerre à proprement parler, parce que rien ne leur résiste et qu'elles ne rencontrent jamais, pas plus que la tornade ou le typhon, un adversaire qui ose leur barrer la route.

Les Dorylines Anomma d'Afrique, assez récemment observées par J. Vosseler, sont, comme les Ecitini ou Ecitons Hamatum, étudiées par Hetschako, W. Muller, Bates, Belt, Bar, etc., d'énormes fourmis aveugles, exclusivement carnivores, n'ayant d'autre industrie que le massacre et le pillage, ne fondant pas de villes mais jalonnant leurs routes de camps ou plutôt de bivouacs, forcément nomades, parce qu'elles dévastent rapidement et complètement les lieux où elles s'arrêtent.

Elles organisent militairement, méthodiquement leurs expéditions prédatrices. Elles se font précéder de quelques éclaireurs ; mais bientôt, impatientes de pillage et de carnage, surgissent à flots de toutes les crevasses et inondent la plaine ou la jungle. Marchant au pas de charge, elles serrent leurs rangs entre deux haies d'officiers à grosse tête et à mandibules crochues qui les protègent, les dirigent, les surveillent et, à la moindre alerte, fondent sur l'ennemi. Afin que rien ne leur échappe, elles envoient à droite et à gauche des détachements de fourrageurs. Les mouvements de ces masses qui représentent dans le monde des insectes le cataclysme que serait dans le monde des quadrupèdes sans défense le déchaînement d'une horde de plus de deux millions de loups, car c'est à ce chiffre que s'élèvent les estimations les plus modérées, sèment partout une panique indicible que précèdent souvent des vols d'oiseaux. Tout ce qui n'a pu fuir est instantanément massacré. La proie trop lourde est dépecée sur place et les morceaux sont portés à l'entrepôt général. S'il y a sur leur route un poulailler ou de petits mammifères, elles n'en laissent que les os. À Tonga, un léopard en cage est tué et décharné en une nuit. Autrefois on leur livrait, préalablement ligotés, les prisonniers de guerre qu'on ne jugeait pas comestibles, et en quelques heures elles en faisaient une pièce ostéologique digne de nos musées, car, n'y voyant pas, elles attaquent l'homme comme elles attaquent n'importe quoi. Si l'on tient à rester chez soi, ou s'il s'agit d'un malade qu'on ne peut transporter, on plonge les pieds du lit dans des vases pleins de vinaigre et on s'assure qu'il n'y a pas de crevasses au plafond, sinon elles vous tombent dessus. Mais on leur cède presque toujours la place, car leurs mandibules, même détachées du corps, ne lâchent point prise et les indigènes les utilisent en guise de serres-fines pour suturer les plaies dont elles maintiennent les lèvres en contact jusqu'à la guérison.

Après le passage des Dorylines, comme après le passage de leurs sœurs américaines les Ecitons, on ne trouve plus un être vivant. Quand elles prennent d'assaut un village, elles y dévorent tout ce qui remue ; mais en revanche, l'assainissent à fond, il n'y reste plus trace de vermine et les habitants qui d'abord avaient déguerpi, finissent par reconnaître que leur malheur a des compensations qui ne sont pas négligeables.

Certains de ces raids, quand le pays est totalement épuisé, sont plutôt des migrations. Ici encore les Dorylines ont les mêmes habitudes que les Ecitons ; elles emportent leurs œufs, leurs larves et leurs nymphes qu'à l'étape elles mettent à l'abri dans des nids provisoires. Mais les larves des Dorylines étant plus sensibles au soleil, elles les font passer par des chemins couverts ou bien à l'ombre des soldats dont les têtes rapprochées forment de véritables tunnels. Un nid provisoire d'Ecitons, découvert par Bar, près de Cayenne, mesurait un mètre cube et contenait des centaines de milliers d'ouvrières dont les corps entrelacés formaient d'énormes boules qui entretenaient autour des cocons la chaleur nécessaire.

Cette mise en boule autour du couvain est du reste pratiquée par les unes et les autres en cas de pluies diluviennes, d'inondation subite ou lorsqu'il s'agit du passage désespéré d'un cours d'eau. Est-ce un simple réflexe ou un acte héroïque et réfléchi déclenché par de suprêmes détresses ? L'accumulation des cocons au centre de la masse n'est pas facilement imputable au hasard.

## COMMUNICATIONS ET ORIENTATION

### I

Comment les fourmis presque aveugles, rencontrant dans leur nid une sœur de leur race mais d'une autre famille, savent-elles qu'elles ont affaire à une étrangère ? C'est un des problèmes les plus compliqués et les plus obscurs de la fourmilière. Une patiente et ingénieuse myrmécologue, M$^{lle}$ Adèle Field, y a consacré des années sans parvenir à le résoudre d'une manière tout à fait satisfaisante. D'après ses expériences, le sens olfactif, qui chez la fourmi domine tous les autres, réside principalement dans les sept derniers articles de son funicule qui est l'extrémité de ses antennes. Chacun de ces articles est consacré à une odeur particulière ; par exemple l'odeur du domicile est perçue par le dernier segment, le pénultième discerne l'âge des ouvrières dans les colonies formées de diverses familles de la même espèce, et l'antépénultième capte le fumet dont la fourmi imprègne le chemin qu'elle parcourt. Quand on enlève le dernier segment, elle entre dans n'importe quelle fourmilière et s'y fait massacrer, quand on coupe l'antépénultième, elle ne retrouve plus sa piste. Dans un autre article se localisent les effluves de la reine mère ; l'ouvrière qu'on en prive ne s'occupe plus de la pondeuse ni de la progéniture. Une autre articulation est réservée à l'odeur spécifique ; lorsqu'on la supprime, on peut mêler les espèces les plus différentes sans qu'elles se battent, etc.

Notez que l'odeur du domicile n'est pas la même que l'odeur de l'espèce ; la première est assez variable et dépend de l'âge des habitants et d'autres circonstances, la seconde est presque indélébile. L'odeur héréditaire est encore différente, c'est l'odeur maternelle que toute fourmi porte depuis l'œuf jusqu'à la mort et qu'il ne faut pas confondre avec l'odeur de la reine qui peut ne pas être la mère de la fourmi en question.

Mais il serait téméraire de limiter aux antennes le sens olfactif des fourmis. Il est au contraire fort possible que ce sens ne soit pas humainement localisé dans un organe, mais, comme chez d'autres insectes, répandu par tout le corps. Minnich a récemment prouvé que les papillons goûtent avec leurs pattes, et pour préciser, avec les quatre portions terminales, tarsales et distales, des articulations basitarses de la seconde et troisième paire de pattes. « Cette forme de réception des sensations, remarque Wheeler, est probablement très fréquente chez les insectes. Il est de même inutile de distinguer des récepteurs à distance pour l'olfaction et des récepteurs par contact pour le goût, car les insectes utilisent leurs antennes d'une façon et de l'autre, comme pour les sensations tactiles. »

Ajoutez à tout ceci la vie des odeurs dans la mémoire des fourmis. Elle est également variable. En certains cas elle persiste durant une dizaine de jours, en d'autres durant trois mois, en d'autres encore, notamment quand il s'agit de l'odeur héréditaire, elle se maintient pendant plus de trois ans. Ajoutez-y enfin les mélanges et les superpositions inévitables, ajoutez-y surtout le rôle électrique, magnétique et peut-être éthérique et psychique que jouent ces inépuisables organes et vous voyez à quelles incroyables complications aboutissent les moindres investigations dans ce petit monde que nous croyons beaucoup plus simple, plus rudimentaire, plus déshérité, plus dénué d'intérêt et d'imprévu que le nôtre.

## II

Les antennes qui chez les fourmis suppléent les yeux, car elles ont la vue si basse que beaucoup sont pour ainsi dire aveugles, suppléent encore la parole. Nous les avons tous observées qui allaient et venaient par les sentiers qui environnent le nid. Presque à chaque fois qu'elles se rencontrent, elles s'arrêtent une seconde et se tapotent rapidement du flagellum, comme si elles avaient quelque chose à se dire. N'ont-elles pas d'autres moyens de communiquer entre elles ? Il est certain que l'alarme, dans une fourmilière attaquée ou simplement inquiétée, se répand avec une rapidité si foudroyante qu'on ne peut guère l'attribuer qu'à un faisceau de réactions cellulaires instantanées et unanimes, nerveuses ou psychiques, comme il s'en produit dans notre corps quand il est sérieusement menacé ou gravement atteint. Mais à côté de ces réactions collectives, il y a incontestablement un langage antennal individuel. Sir John Lubbock a fait à ce sujet de minutieuses et concluantes expériences, par exemple celle-ci qu'il est facile de contrôler. On pose deux petits vases à égale distance de la fourmilière ; dans le premier on met une cinquantaine de larves ou de nymphes et, dans le second, trois ou quatre, puis, dans l'un et l'autre on dépose une fourmi. Aussitôt chacune d'elles se charge d'une larve et la rapporte au nid. On remplace à mesure les larves enlevées et bientôt on remarque que dans le vase qui contient cinquante larves viennent trois ou quatre fois plus d'ouvrières que dans celui qui n'en renferme que trois. Il faut donc qu'elles aient pu faire comprendre à leurs compagnes que dans l'un des deux vases il y avait pour elles plus de travail urgent que dans l'autre.

Voici encore une expérience du même auteur. Il avait en observation une petite Lasisus Niger, constamment occupée à charrier des larves vers le nid. Le soir il l'enferme dans une fiole et la remet en liberté le lendemain matin. Elle reprend immédiatement son travail. Il la réemprisonne à 9 heures et à 3 heures la replace près des larves. Elle les examine avec beaucoup d'attention, mais retourne au logis sans en prendre. Aucune autre fourmi n'est hors du nid à ce moment. En moins d'une minute, elle revient avec huit amies, et la petite troupe va droit au tas de larves. Quand elles ont fait les deux tiers du chemin, l'observateur emprisonne de nouveau la fourmi marquée ; après quelques minutes d'hésitation, les autres retournent au nid avec une remarquable promptitude.

À 5 heures il la repose sur les larves, elle s'en retourne encore sans en emporter une seule, mais après quelques secondes de séjour dans le nid, elle revient avec treize compagnes. Toutes avaient dû être renseignées autrement que par l'exemple, car jamais, en leur présence, la fourmi marquée n'avait emporté une larve.

Est-ce uniquement par le jeu des antennes qu'elle s'est expliquée ? C'est fort probable, presque certain ; mais la contre-épreuve est impraticable, vu qu'une fourmi à qui on enlève les antennes perd le sens de la direction et ne retrouve plus les larves ou le nid.

### III

À côté de ces expériences qui établissent la communication, Lubbock en fit beaucoup d'autres, poursuivies durant des journées et relatant minute par minute les faits et gestes de diverses Lasius mises en présence de leurs larves. Il nous en montre une, par exemple, qui, de 9 heures du matin à 7 heures du soir, où on cessa de l'observer, fit quatre-vingt-dix voyages, aller et retour, du nid au bol où se trouvaient ces larves. À chaque voyage elle en emportait une et revenait toujours seule. D'autres, dans les mêmes conditions, firent cinquante, quatre-vingts voyages, etc., sans être accompagnées. Avaient-elles jugé superflu de prévenir leurs compagnes, estimant qu'elles suffiraient à la besogne ? D'autre part, l'expérience des soixante-dix épingles donna des résultats ambigus. Il serait trop long d'entrer dans le détail qui prendrait plusieurs pages, mais il suffira de savoir que sur soixante-dix épingles piquées dans un disque de liège, s'en trouvent trois au haut desquelles on fixe un morceau de carton frotté de miel. Au bout de cinq jours, la statistique finale constate que de cent cinquante-sept fourmis, cent quatre allèrent aux épingles à miel et cinquante-trois aux soixante-sept épingles qui n'en portaient pas. Mais n'est-il pas probable que celles qui allèrent au miel y furent conduites par leur odorat, qui est, comme on sait, extrêmement subtil ?

## IV

Le langage antennal doit être fort élémentaire ; ce qui le laisse supposer, c'est que, lorsqu'elles ne parviennent pas à se faire entendre, elles ont recours à l'exemple et à l'action directe. Elles entraînent de force celles qu'elles veulent convaincre, leur font suivre le chemin qu'elles auront à parcourir et leur montrent ce qu'elles auront à faire en le faisant devant elles. Au surplus, ce qui démontre qu'il n'est guère compliqué et n'est à proprement parler qu'un échange de sensations, c'est que les insectes parasites, notamment les coléoptères à suintements éthérés, qui n'ont rien de commun avec les fourmis qu'ils corrompent et aux dépens desquelles ils vivent somptueusement, le parlent et le comprennent aussi bien que leurs hôtesses ; de sorte qu'il ne faut pas exagérer l'importance et les secrets d'une langue qu'on apprend aussi facilement. Néanmoins, les exemples empruntés à Sir John Lubbock, cités plus haut et pris entre bien d'autres, prouvent qu'il ne faut pas en mésestimer les ressources.

Le problème des communications est du reste l'un des plus irritants de la fourmilière. Dans certaines circonstances, lorsqu'il s'agit de la construction, de la défense du nid, de la distribution du travail, des opérations militaires, des soins à donner aux larves, de la culture extrêmement compliquée des champignons, de l'entretien, du pacage et de la défense du bétail, de la chaîne à former par les Rieuses afin de maintenir en place les bords récalcitrants d'une longue feuille, on admire un concert unanime et instantané qui ne peut, semble-t-il, s'expliquer que parce que les fourmis sont capables de se faire comprendre, d'échanger des conseils ou des ordres, de suivre un plan commun.

Mais tout à côté, principalement à propos du maniement d'un fardeau, se révèle le plus souvent une telle incohérence, une agitation si vaine et si stupide, un manque de bon sens à ce point consternant qu'on se prend à douter de leur intelligence. À la suite de longues et patientes expériences, un impeccable et sévère observateur, V. Cornetz, conclut qu'il n'y a pas d'entr'aide chez les fourmis, que loin de se donner la main, elles se gênent et se contrarient obstinément, et que, ce qu'on appelle « l'esprit de la fourmilière » ne se manifeste pas hors de leur nid, tout au moins quand il s'agit du transport d'objets encombrants et pondéreux.

Il suffit d'observer ce qui se passe aux abords de la fourmilière pour se convaincre qu'il a raison. Mais ceux qui tiennent pour le concert n'ont pas tort. Qui croire ? Il est fort possible que les fourmis perdent la tête quand il s'agit de déplacer certains objets, comme il est assez probable qu'aux yeux de quelqu'un qui nous regarderait d'aussi haut et aussi aveuglément que nous les regardons, en maintes circonstances où nous nous croyons très raisonnables, nous aurions l'air de nous agiter à contre-temps, comme des fous. Il y a assurément dans nos actions, dans notre civilisation, bien des choses qui lui demeureraient incompréhensibles et ne sont pas au point. Au surplus, cet affolement autour des fardeaux est assez passager. Continuez d'observer patiemment et vous verrez qu'elles finissent par arriver au but, que le brin de paille, le bout de bois, l'insecte trop gros qu'elles désirent introduire dans le nid, y disparaît toujours.

Ces incohérences, ces anomalies de leur intelligence surprennent les observateurs. N'ont-elles pas, à leur échelle, les mêmes difficultés que nous en présence des embûches et de la mauvaise volonté, inexplicable elle aussi, de la nature ?

Il ressort surtout de ces observations, comme de beaucoup d'autres d'un ordre différent, que les fourmis, en masse, témoignent souvent une sorte de génie, mais qu'isolées, n'étant plus inspirées par l'âme collective, elles perdent les trois quarts de leur intelligence.

En attendant que la question soit mieux étudiée, disons-nous que s'il est impossible de résoudre de si petits problèmes dont toutes les données tiendraient dans le creux de la main, il y a quelque outrecuidance à nous imaginer que nous avons trouvé la solution de ceux qui se cachent dans les abîmes du firmament.

## V

Cette question de l'entr'aide en éveille une autre qui nous mène à la morale de la fourmilière. Les premiers observateurs, Latreille, Lepeletier de Saint-Fargeau, etc., affirmaient qu'ils avaient vu des fourmis secourir les mutilés, soigner et panser les malades et les blessés. Forel, plus circonspect, remarque que si elles semblent s'intéresser aux blessures légères, elles portent hors du nid et abandonnent à leur sort celles d'entre elles qui sont grièvement atteintes. Sir John Lubbock, qui a fait sur ce point les expériences les plus méthodiques, constate que le plus souvent les ouvrières sont complètement indifférentes aux malheurs de leurs compagnes, ne songent pas à leur venir en aide quand elles sont engluées ou quand à moitié noyées ou ensevelies sous un éboulement, la moindre assistance leur sauverait la vie.

Ces indécisions, ces incertitudes, les rapprochent de nous et les éloignent des abeilles et des termites chez qui l'indifférence aux maux d'autrui ne souffre aucune exception. L'abeille jette impitoyablement hors de la ruche tout ce qui succombe ; le termite le dévore à l'instant, quant à la fourmi, plus réservée que nos cannibales, elle ne mange même pas les cadavres de ses ennemis.

Dans la fourmilière, de même que dans nos villes, parmi ceux qui passent outre, comme dit l'Évangile, s'arrête parfois le bon Samaritain. Est-il plus ou moins rare que chez nous ? Les auteurs ne sont pas d'accord ; en tout cas il semble exister, et c'est assurément plus extraordinaire et plus déconcertant que si la charité était universelle et instinctive ; car alors il n'y aurait plus qu'à la ramener à la loi organique qui la commande, la rend inévitable, automatique, et lui enlève tout mérite et tout reflet humain.

Je ne rappellerai pas des traits qui sont, je pense, suffisamment connus et qu'on retrouve dans toutes les études sur les fourmis. Je fais allusion à la petite Fusca née sans antennes, attaquée par des étrangers et recueillie par des compatriotes qui la portent au nid ; à la malheureuse fourmi couchée sur le dos, incapable de se relever et de se nourrir, que ses compagnes sauvent, aux ouvrières ivres-mortes (victimes de nos expériences), qui sont ramenées au logis, à la reine des Lasius Flavus écrasée par mégarde, que ses sujettes, durant plusieurs semaines, continuent de soigner comme si elle était encore vivante. Huber du reste avait déjà remarqué que cinq ou six ouvrières demeurent plusieurs jours auprès du cadavre royal, le brossent et le lèchent sans interruption, « soit, ajoute-t-il gentiment, qu'elles conservent pour leur souveraine un reste d'affection, soit qu'elles espèrent la ranimer par leurs soins ».

Ces exemples, auxquels je pourrais joindre ceux d'Ebrard, et que personne, étant donné la qualité des observateurs, n'a jamais mis en doute, nous prouveraient que par les sentiers de la fourmilière voyagent plus de Samaritains que sur la route de Jérusalem à Jéricho, qui n'est pas la plus mal fréquentée de nos routes humaines.

Il serait bon du reste d'examiner à la loupe chacun de ces traits. Le cas de la petite Fusca sans antennes, de l'insecte couché sur le dos, des ouvrières ivres-mortes, tendrait à nous montrer que les fourmis, comme l'avait remarqué Forel, ne s'intéressent qu'aux blessés ou aux malades qui pourront encore rendre service à la communauté. Pour la reine écrasée et celle de Huber, il est fort possible que leur entourage ait mis un certain temps à s'apercevoir qu'elles étaient mortes. Néanmoins, acceptons-les et demandons-nous jusqu'à quel point nous pouvons admettre les premières interprétations anthropomorphes. La pitié, la charité n'existent nulle part dans la nature, excepté chez l'homme en qui elle est vraisemblablement née d'un placement à gros intérêt fait par son égoïsme dans une vie future. Ne lui jetons pas la pierre. Il suit un ordre formel inscrit dans toutes les gouttes de son sang ; et tout ce qui vit, hors la fourmi et jusqu'à un certain point le termite et l'abeille, ne peut faire autrement, s'il veut se conformer à la loi suprême, éternelle et universelle qui est de persévérer dans son être. Avant l'affaiblissement ou la mort des croyances d'outre-tombe, la charité eut le temps de se transformer en habitudes héréditaires qui devinrent une sorte de sous-instinct de luxe, d'ailleurs assez intermittent, et dont les manifestations sont parfois admirables mais peu fréquentes. Que ferons-nous quand cette réserve sera épuisée ? Trouverons-nous une autre raison de nous aimer les uns les autres et de préférer par moments notre prochain à nous-mêmes ? C'est possible, car tout finit par arriver ; mais nous n'avons pas l'air de chercher cette raison, et dans l'entre-temps, qui sera long, l'humanité se sera peut-être exterminée ou du moins tellement abîmée qu'il faudra tout recommencer.

Quant à la fourmi, elle ressemblerait évidemment à l'homme qui n'attend rien du ciel ou de l'enfer, si elle n'avait sa charité régurgitative qui est une volupté, et sa religion qui est l'amour de la masse dont elle fait partie, sans laquelle elle n'existe point et qui représente sa propre vie agrandie et multipliée. Dans quelle mesure ce sentiment s'apparente-t-il à ce que nous appelons charité ? Il nous est naturellement impossible de nous en rendre compte.

## VI

Puisque nous voilà dans les problèmes difficiles, abordons-en un autre également scabreux, le problème de l'orientation ou de la direction.

On sait que nombre d'animaux, notamment les pigeons voyageurs et les oiseaux migrateurs, ont un sens spécial qui permet aux premiers de retrouver leur colombier éloigné de plusieurs centaines de kilomètres, aux seconds de rejoindre leur nid ou leur séjour habituel situé par delà les mers, dans un autre continent. On est à peu près d'accord aujourd'hui pour localiser ce sens dans les canaux semi-circulaires de l'oreille qui joueraient le rôle de récepteurs radio-goniométriques, en d'autres termes qui capteraient certaines ondes dont les unes sont connues et les autres encore ignorées.

Des animaux terrestres, le cheval par exemple, et même quelques hommes, principalement les Esquimaux et les nomades du Sahara, posséderaient un don analogue, mais moins développé. Faut-il l'attribuer aussi aux canaux semi-circulaires ou à une faculté analogue qu'on a appelée la faculté d'Exner, et qui serait « la sensation et la mémoire des positions dans l'espace du plan médian du corps » ? Ainsi présentée, cette faculté ne semble-t-elle pas un peu proche parente de la *virtus dormitiva* de l'opium moliéresque ? Y a-t-il plus simplement mémoire ou repérage inconscient visuel ou olfactif ? Est-ce peut-être autre chose dont nous n'avons encore aucune idée et que les hommes qui la possèdent sont incapables d'expliquer ? Ne nous hasardons pas dans ce labyrinthe dont, malgré nos canaux semi-circulaires, nous ne sortirions pas facilement et contentons-nous de résumer ce que nous apprend sur ce point l'observation de la fourmi. On admet que l'orientation de l'abeille ou de la guêpe est presque exclusivement visuelle. Il n'en saurait être de même pour la fourmi qui, en général, est à peu près aveugle ou dont la vue ne porte pas à plus de trois ou quatre centimètres. Des expériences très serrées de Sir John Lubbock, faites à proximité du nid, il résulte que les fourmis se servent beaucoup moins de leurs yeux que nous ne le ferions dans des circonstances analogues ; mais que, pourtant, leur vue les guide dans une certaine mesure. D'un autre côté, Bonnet, J.-H. Fabre, Brun, Cornetz, en coupant, en balayant, en inondant, en désodorisant leurs pistes, ont établi que le sens olfactif ne joue également, dans le maintien de leur direction, qu'un rôle assez secondaire et qu'après quelques tâtonnements, elles raccordent parfaitement ce qu'on appelle « le rail odorant ».

Les dernières expériences de V. Cornetz, le perspicace observateur algérien, constatent qu'une fourmi prise au gîte, mais, bien entendu, *au moment où elle ne revient pas de voyage*, et portée au loin, ne fait que tournoyer et ne retrouve pas son nid. Au contraire, présentez à une fourmi hors de chez elle, des aliments sur un plateau, transportez ce plateau n'importe où, à l'ombre ou au soleil et pendant que l'ouvrière remplit son jabot, faites-le tourner doucement du nord au sud, par exemple ; l'insecte, c'est le cas de le dire, ne perdra pas le nord et rentrera directement chez lui. Il possède et garde donc, imperturbablement, la bonne direction, sans se soucier du tête-à-queue qu'on lui a fait faire à son insu. Cette épreuve et d'autres analogues ne le mettent presque jamais en défaut ; et V. Cornetz en tire cette formule : « La prise de retour est fonction de l'aller fait au cours d'une exploration, sans être fonction de souvenirs visuels, tactiles ou olfactifs. »

Néanmoins, on peut la dérouter en lui présentant, sur la voie du retour, qui va du sud au nord, par exemple, un appât qu'on transporte avec elle, pendant qu'elle le déguste, par delà son nid, après lui avoir fait accomplir un demi-tour sur elle-même. Elle replacera son corps parallèlement à la direction du sud-nord qu'elle suivait sans s'apercevoir que son nid est dépassé, qu'elle lui tourne le dos et qu'elle s'égare définitivement. Mais quelle intelligence humaine réussirait à déjouer des pièges aussi diaboliques ?

## VII

À quoi attribue-t-on, comment explique-t-on cette faculté ? C'est ici que commencent les difficultés, ou qu'elles recommencent. Je n'entrerai pas dans le détail des théories diverses et assez confuses qui aboutissent toutes à un aveu d'ignorance plus ou moins masqué. On évoque tour à tour un élément mnémonique qui rappelle le nid ou une représentation du point de départ grâce à quoi l'insecte replace l'axe de son corps de manière à avoir son nid derrière lui ; ce qui ne fait que transposer la question. On parle de l'*Homing instinct*, ce qui est purement verbal ; d'une marche compensée qui équilibre les écarts par rapport à un axe ; mais c'est toujours cet axe qu'on ne justifie point. On parle encore de tropisme et de phototropisme, du repère visuel que serait le soleil ; même à l'ombre ou dans l'obscurité, parce qu'il y a des radiations qui traversent les corps les plus opaques et, à ce propos, n'oublions pas que la fourmi est sensible aux rayons ultra-violets.

 « Tout se passe, nous dit d'autre part Rabaud, comme si l'animal, parti dans une direction quelconque, se trouvait de ce fait polarisé. » Il y aurait un repère inconnu qui continuerait d'agir, après transport, déterminant à nouveau, complète Cornetz, une progression parallèle à l'ancienne. C'est encore répondre à la question par une autre question. Cornetz développe ensuite le topochimisme de Forel qui ne serait pas seulement olfactif, mais agirait à distance et ferait que la fourmi pourrait avoir comme un panorama odorant et même en relief lui permettant de percevoir l'odeur allongée d'un objet, une odeur plate ou pointue, en un mot, si je l'ai bien compris, une odeur à trois et peut-être à quatre dimensions. Elle aurait donc ainsi « une topographie de nature chimique avec des odeurs comme élément d'énergie spécial ». Elle sentirait à distance des émanations odorantes qui prolongent en l'air leur géographie physique de l'espace, mais d'une façon plus confuse. « Ainsi, ajoute E.-L. Bouvier, pourvues de ce sens topochimique qui leur fait connaître les formes et les relations des formes, elles sont capables de distinguer, à leurs champs odorants, les différences que présentent les traces d'aller et de retour sur une piste, le côté droit et le côté gauche de celle-ci, par conséquent la direction qu'elles doivent y prendre. Non sans quelque embarras, les ouvrières de Forel trouvaient la bonne voie quand leurs yeux avaient reçu un vernis opaque ; les antennes coupées, elles en étaient complètement incapables. L'odorat bien plus que la vue joue donc un rôle essentiel dans ce phénomène. »

## VIII

N'oublions pas, pour ne rien passer sous silence, de mentionner encore le repérage interne, qui nous ramènerait aux canaux semi-circulaires dont le minuscule cerveau de la fourmi, est, paraît-il, dépourvu, mais qui pourraient être remplacés par les antennes, le « sens des angles » de Cornetz, le « sens des attitudes » de Bonnier, qui permet de corriger les déviations et de marcher parallèlement à la direction primitive. Mais quelle est la nature de ce sens ? Nous revenons toujours à la même question, puisque les hypothèses reviennent toujours sur elles-mêmes. Du reste Cornetz fait observer qu'elles peuvent conserver leur direction quand on interrompt chez elles la succession des sensations angulaires ; ce que prouvait d'ailleurs l'expérience de Lubbock.

N'oublions pas non plus « la mémoire musculaire de Piéron, c'est-à-dire la mémoire des divers mouvements effectués pour aller d'un point à un autre, mémoire réversible et permettant le retour au lieu d'origine ». Brun, à la suite de l'expérience de Piéron, nous dit enfin que « la fourmi se comporte comme si elle avait une boussole où elle pourrait lire l'absolue direction de son voyage, et un podomètre qui lui indiquerait constamment, aux divers points de la route, la distance qui reste à parcourir ».

Je croirais plutôt qu'elle est elle-même la boussole ou l'aiguille qui marque la direction du gîte ; boussole ou aiguille qui, au nid, sommeillerait inerte et désaimantée et ne reprendrait des propriétés para ou pseudo-magnétiques que lorsqu'elle serait resensibilisée ou rechargée par le trajet de l'aller ; car dans un monde qui diffère à tel point du nôtre, rien ne nous dit qu'il n'y ait pas des forces analogues à notre magnétisme ou à notre électricité, dont nous ne soupçonnons pas encore l'existence.

Évidemment, tout cela paraît bien compliqué, mais c'est probablement très simple pour la fourmi dont les organes n'ont avec les nôtres que des rapports plus apparents que réels.

Voilà où en est la question. On nage encore en grande eau et l'on voit quels étranges mystères grouillent au fond des plus petites vies.

# PASTORALES

## I

Il n'est pas téméraire d'affirmer que l'homme primitif qui peut être de plusieurs milliers d'années ou de siècles antérieur à celui dont nous retrouvons les restes dans les cavernes n'eut pas d'animaux domestiques. Il ne vivait que de racines, de fruits sauvages, de mollusques et du produit de sa chasse. Peu à peu, au bout de millénaires, à la suite d'innombrables et confuses expériences, d'épaisses et obscures réflexions, il réussit à attirer, à apprivoiser, à mettre à l'abri, à soigner, à élever un certain nombre de bêtes sans défense qui lui fournirent leur lait, leur toison, leur chair et celle de leurs petits. À partir de ces jours, son existence devint un peu moins précaire, un peu moins harassante. Il y eut une barrière, une sorte de zone protectrice entre la vie et l'intolérable et quotidienne menace de la mort. L'âge pastoral succéda à l'âge angoissant de la chasse, de la pêche et de la faim sans rémission.

On retrouve une étape analogue dans l'évolution de certaines espèces de fourmis. Sont-elles plus intelligentes que la plupart des autres demeurées guerrières, chasseuses, pilleuses, maraudeuses, moissonneuses, qui demandent leur subsistance à l'incertain butin de chaque jour ? Ou bien ne doivent-elles leur progrès qu'au hasard bienveillant qui fixa leur attention sur un point que d'autres n'avaient pas aperçu ? À quelle époque naquit l'idée première ? Nous n'en savons rien. Nous ignorons du reste notre propre histoire autant que la leur. Nous trouvons plusieurs exemplaires de ces races pastorales, notamment presque tous nos Lasius ainsi que leurs pucerons dans l'ambre fossile. Il faudrait donc remonter plus haut que la période tertiaire, c'est-à-dire à des milliers ou des millions d'années avant notre venue. Mais les documents font défaut.

Il est fort probable qu'à l'image de ce qui se passe chez nous, la découverte surgit un jour d'une circonstance fortuite. Rôdant à l'aventure, en quête du miel quotidien, une fourmi passa à proximité d'une tribu de pucerons agglomérés au bout d'un rameau tendre et vert. Une bonne odeur sucrée atteignit ses antennes, pendant que ses petites pattes s'engluaient agréablement dans une sorte de rosée délicieuse. L'aubaine était miraculeuse et paraissait inépuisable. Aussitôt elle emplit à le rompre le jabot collectif, l'estomac omnibus, l'outre de la cité, revint en hâte au nid où parmi les exaltations et les spasmes de la régurgitation rituelle, se propagea l'écho de la magnifique trouvaille qui promettait une ère intarissable d'abondance et de joie. Après un frémissant dialogue antennal, toutes, en longues files, se rendirent aux prodigieuses sources. Une époque nouvelle commençait ; elles ne se sentaient plus seules en un monde où rien ne leur venait en aide.

## II

L'exemple ne fut pas perdu ; néanmoins, la plupart des fourmis ne l'imitèrent point. Question de race, d'intelligence, de routine, d'habitudes ou de préférences alimentaires ? Qui le dira ? Des expériences sont à faire sur ce point important qui peut nous découvrir un coin intéressant de la psychologie myrmécéenne et même des idées et des intentions de l'*Anima Mundi*. Que se passerait-il si l'on faisait adopter, comme c'est parfaitement possible, par une race pastorale, à titre d'esclave, de commensale ou d'alliée, une tribu qui n'ait jamais pratiqué l'élevage ? Très probablement celle-ci imiterait la première et prendrait part à ses travaux. Mais qu'arriverait-il si plus tard on séparait complètement de leurs initiatrices une partie des récentes initiées ? Adopteraient-elles, comme le feraient les hommes, les nouvelles méthodes dont elles auraient connu les avantages ? Une de leurs femelles fécondées, ayant fondé une colonie nouvelle, ses enfants iraient-ils aux pucerons mellifères ? On pourrait faire des expériences analogues avec les champignonnistes et les fileuses dont nous allons parler. Les filles adoptives, esclaves ou alliées des fourmis jardinières, se mettraient-elles à cultiver les champignons et les commensales des fileuses, abandonnées à elles-mêmes, s'aviseraient-elles d'utiliser pour leur propre compte la providentielle et merveilleuse navette qu'on avait maniée devant elles ? On le voit et on le reverra souvent, malgré tout ce qui a été fait, beaucoup reste à faire et les champs inconnus sont encore sans limites.

## III

En tout cas déjà nous savons que toutes les fourmis ne se sont pas contentées d'exploiter telle quelle et machinalement la grande découverte accidentelle. Quelques-unes, aussi ingénieusement que l'eussent fait les hommes, l'ont graduellement perfectionnée et mise au point. Elles ont d'abord acquis la conviction que le bétail qui pâture aux environs du nid leur appartient sans conteste. Elles ont appris à rassembler, à parquer, à soigner leurs pucerons, à les traire régulièrement, ou plutôt à solliciter par des caresses et à multiplier leurs évacuations sucrées, car il faut bien l'avouer, il ne s'agit pas ici de tirer le lait des mamelles mais de provoquer et de faciliter, moins idylliquement, une sécrétion anale. Elles ont sélectionné leur cheptel et sont parvenues à obtenir du même animalcule, vingt à quarante gouttes sucrées par heure. Soucieuses, affairées, empressées, elles vont et viennent sans cesse de leur nid aux troupeaux d'aphidiens ou de coccidés, comme de la ferme au pré, nos herbagers normands. Elles accablent leurs ouailles de méticuleuses prévenances. Les moins civilisées se contentent de monter la garde autour d'elles en menaçant de leurs cisailles les maraudeurs en quête de miellée, car la lutte pour la vie et la conquête des richesses naturelles est aussi ardente, aussi implacable et bien plus ancienne que chez nous. D'autres, plus pratiques, nos Lasisus Niger, par exemple, ont eu l'idée de leur couper les ailes afin de prévenir toute évasion et de faciliter la traite, ou bien les entourent de clôtures, leur construisent des chemins couverts, leur préparent des abris où se réfugier en cas de pluie. D'autres encore, comme la Crémastogaster Pilosa d'Amérique, leur fabriquent des cages de carton pour les protéger contre les larves de la coccinelle ou bête à bon Dieu, qui en sont très friandes. On en trouve qui, plus prudentes, leur installent des étables dans le nid et les y nourrissent. Les Lasius Flavus Umbratus font mieux encore. Ne sortant presque jamais et redoutant, autant que les termites, la lumière du jour, ils ont trouvé des pucerons qui ont les mêmes goûts et ne vivent que sur les racines de certaines plantes ou de certains arbres. Au besoin, par des couloirs forés dans la terre, ils vont les chercher au loin et les transportent dans les vacheries souterraines installées au fond du nid et tout ce monde vit fort heureux dans les ténèbres.

Il y a plus surprenant. Pierre Huber, dont les observations sur ce point furent depuis confirmées par Mordwilko et Webster, remarqua avant tout autre que le Lasius Flavus ramasse les œufs, soigne et élève les petits de ses aphidiens et, en cas de panique, s'évertue à les sauver en même temps que ses propres enfants.

## IV

Les aphidiens et les coccidés ne composent pas tout le cheptel des fourmis. Elles ont encore domestiqué certains petits insectes sauteurs dont l'énumération entomologique serait assez fastidieuse ; mais on ne saurait passer sous silence le parti que diverses espèces de fourmis tirent de chenilles à sécrétions miellées, principalement des Lycænéides, mères de nos Argus. Elles enfourchent la larve qui pour elles représente un cheval monstrueux, et pendant que le ver apocalyptique et insouciant se gorge de nourriture, lui caressent des antennes le dernier segment de l'abdomen qui émet la rosée dont elles sont avides. Chaque fourmi, ou parfois chaque escouade de fourmis, défend âprement sa monture contre les parasites qui tentent de l'approcher et même contre l'homme. Avant les pluies, aux Indes, selon les observations de M$^{rs}$ Willy, elles partent à la recherche de leurs chenilles qui deviendront de beaux papillons bleus, les emportent par centaines, les hébergent dans leurs galeries souterraines où elles veilleront sur leur long sommeil de chrysalides, jusqu'à l'éclosion de l'insecte parfait qu'elles aideront à sortir de sa gaine, comme si elles comprenaient le mystère des métamorphoses.

Plusieurs myrmécologues soutiennent que tout ceci n'est dû qu'au hasard, à d'heureuses coïncidences peu à peu transformées en routines. Une exploratrice en quête de butin rencontre un puceron ; indiscrète, farfouilleuse, attirée par une odeur sucrée, elle le tâte, le déguste, le trouve bon, surprend le mécanisme. Elle y revient, d'autres la suivent, l'imitent, l'usage se répand, s'établit, qui devient habitude, puis instinct. C'est parfaitement défendable puisque dans l'inconnu on peut hasarder tout. Mais quelle invention humaine résisterait à de telles interprétations ?

## LES CHAMPIGNONNISTES

## I

Ici elles rencontrent les termites. On sait que les termites ne vivent que de cellulose mais ne peuvent la digérer. Ils en confient donc l'assimilation préalable soit aux protozoaires flagellés qu'ils hébergent par millions dans leur intestin, soit à de minuscules champignons dont ils sèment les spores sur un compost savamment préparé. Ils aménagent ainsi au centre de leur nid, de vastes cultures de cryptogames, soigneusement sélectionnés, semblables à celles qu'installent en d'anciennes carrières des environs de Paris, les spécialistes de l'Agaric comestible.

Les fourmis qui géologiquement sont postérieures aux termites, leur ont-elles pris leur idée ? Il est fort possible qu'ayant pu s'introduire par surprise dans une termitière affaiblie ou mal défendue, elles y aient trouvé des champignonnières en pleine exploitation. Si elles ne les ont pas créées, elles en ont du moins compris les avantages. N'est-ce pas d'autant plus méritoire que la fourmi n'a pas besoin de protozoaires ou de champignons pour assimiler ses aliments ? Il ne s'agissait donc point d'une de ces nécessités vitales qui poussent à leur comble l'activité des facultés intellectuelles et les forcent d'accomplir des miracles désespérés ; mais d'un moyen simple et pratique de s'assurer au cœur même de la cité souterraine, une nourriture abondante, saine et toujours fraîche. Remarquons toutefois que les fourmis fongicoles ne cultivent pas les mêmes cryptogames que les termites. Ceux-ci ne connaissent qu'un Agaric et un Xylara qui ne se trouvent pas dans les fourmilières. Il est donc certain que les fourmis n'ont pas ensemencé leurs couches avec les spores prises dans une termitière ; et partant, assez vraisemblable que l'idée est née chez elles, comme chez les termites, d'un heureux hasard dont leur intelligence sut admirablement tirer parti.


## II

Il n'y a pas de fourmis fongicoles en Europe. On n'en trouve que dans l'Amérique tropicale. Jusqu'aux récents travaux de Belt, Moëller, Forel et Sampaio et aux révélations de Jacob Huber et de Gœldi qui sont d'hier, on ignorait qu'elles fussent champignonnistes, et sur la foi de Mc. Cook qui les observa le premier, on croyait qu'elles ne s'intéressaient qu'à la récolte et au découpage des feuilles de certains arbres. C'est pourquoi, dans les traités qui remontent à une quarantaine d'années, notamment dans l'excellent livre sur les fourmis d'Ernest André, on les appelle encore fourmis coupeuses de feuilles, fourmis de visite, fourmis de manioc, fourmis-parasols, saüba, etc.

Elles appartiennent à la puissante tribu des Attinées, grandes fourmis à longues jambes, remarquablement polymorphes, aussi voraces qu'ingénieuses. Elles ont évolué à part et sont probablement les descendantes de certaines de nos fourmis européennes qui vivaient déjà dans ce qui devint l'Amérique, avant qu'un grand cataclysme eût séparé le nouveau monde de l'ancien. Elles n'admettent d'autre nourriture que les champignons qu'elles cultivent. Leur vie est ainsi étroitement liée à leurs jardins souterrains ; et d'autre part leurs champignons, les Rhozites Gongylophora ou du moins leurs « Kohlrabis », sortes de petites ampoules spéciales qui se développent aux extrémités des filaments mycéliens, ne se produisent pas sans leur intervention. Quand la fondatrice d'une cité future prend son vol de noces, elle emporte avec elle un peu de la terre natale, sous forme d'une minuscule pelote mycélienne, afin d'ensemencer la chambre où elle cultivera, comme nous le verrons plus loin, les cryptogames qu'elle nourrira d'abord de sa propre substance, c'est-à-dire de tout ce que contient son abdomen, et des muscles, extrêmement puissants et peu à peu résorbés, des ailes qu'elle s'est arrachées en retombant sur terre après l'hymen.

## III

Dans une fourmilière d'Attas, d'Attinis ou d'Attinées, on rencontre trois types d'ouvrières : les géantes qui dépassent parfois seize millimètres, ne sortent pas et défendent les portes, les moyennes qui coupent, taillent, morcellent et emmagasinant les feuilles et les plus petites qui, ne quittant pas le nid, sèment les spores et entretiennent le compost dont elles forment les couches à champignons.

Ce compost exige des soins infinis. Elles le triturent, le malaxent, le tassent, le fertilisent à l'aide de leurs excréments, de substances farineuses et de grains de manioc qui activent sa fermentation. Avez-vous cultivé l'Agaric comestible ? C'est moins facile qu'on ne croit ou que ne l'affirment les manuels du parfait champignonniste. Ils prétendent qu'il suffit d'installer au fond d'un tiroir une meule de fumier de cheval et de la larder de mycélium pour qu'au bout de quelques jours, de petites têtes blanches sortent de toutes parts, comme des gnomes qui n'attendaient que le signal du magicien.

Ouais ! Cinq ou six fois sur dix il ne sort rien du tout ; le fumier n'est pas mûr, il fait trop chaud ou trop froid, trop sec ou trop humide, les filaments sont trop jeunes ou trop vieux, des fermentations secondaires interviennent, un orage stérilise les spores, etc. Bref, il faut une certaine expérience qui ne s'acquiert que par la pratique, c'est-à-dire par l'observation, la réflexion, la recherche des causes d'insuccès, les amendements progressifs, l'étude de la température, de l'hygrométrie, de la lumière, de la ventilation, que sais-je ?

Croyez-vous qu'il n'en ait pas fallu autant et peut-être davantage dans la culture des minuscules cryptogames attiniens, bien plus fragiles, plus évanescents que nos gros et robustes agarics ?

Nous devons à un myrmécologue allemand, Alfred Moëller, de curieuses observations sur la façon dont l'Acromyrmex, autre fourmi fongicole du Brésil méridional, prépare ses jardins. Chaque espèce a du reste ses procédés et ses tours de main, ce qui montre une fois de plus qu'il ne s'agit pas d'actes purement instinctifs ou machinaux.

En arrivant au nid, l'Acromyrmex, à l'aide de ses mandibules qu'elle manœuvre comme des ciseaux, coupe d'abord la feuille en fragments à peu près aussi larges que sa tête, ensuite les gratte, les pèle, les polit, les ramollit et en forme une boule, qu'au moyen des pattes et du front, elle insère à l'endroit propice. Au bout de quelques heures, le mycélium ou les filaments blancs de la champignonnière atteignent et dans l'après-midi recouvrent les boulettes mises en place le matin.

Toutefois ce n'est pas dans le mycélium ou filaments grêles que se trouve la nourriture, non plus que dans les conidées ou spores, mais dans ce qu'on appelle ici les « Kohlrabis », minuscules masses globulaires qui sont un produit tout spécial, artificiel et exclusif de la culture myrmécéenne. Afin d'obtenir ce produit il faut avant tout empêcher la prolifération excessive du mycélium ; c'est à quoi se consacrent les plus petites ouvrières qui l'émondent sans relâche. Parfois, quand leur nombre est insuffisant, elles sont débordées, ne peuvent tenir tête à l'envahisseur, et pour ne pas être étouffées, sont obligées de fuir devant la forêt en marche, la forêt déchaînée, en emportant leurs larves afin de les soustraire au fléau filamentaire, après quoi les « Kohlrabis » sont écrasées et disparaissent et la champignonnière spécialisée devient une champignonnière naturelle et sauvage, pareille à un jardin abandonné où les mauvaises herbes ont repris le dessus et anéanti les fleurs civilisées.

On voit que c'est aussi compliqué, aussi savant que la culture des chrysanthèmes géants ou de certaines orchidées, triomphe de nos grands jardiniers. Mais pourquoi, dès qu'il s'agit d'insectes, ne peut-il plus être question d'invention, d'expérience, d'entendement, de raisonnement, d'intelligence ?

## IV

Tradition, routine fixée par l'instinct dans l'espèce, objecte-t-on. Je ne crois pas que dans ce cas, comme en beaucoup d'autres, l'explication soit acceptable. S'il y a routine ou tradition, il faut bien qu'elle ait commencé un jour par un acte intelligent, elle a dû se former peu à peu, comme la nôtre. L'expérience de l'engrais, par exemple, la constatation qu'il active la végétation, n'est pas innée, pas plus chez elle que chez nous, je suppose. On dira que les fourmis déposent leurs excréments n'importe où et que leurs cultures en profitent par hasard. Ce n'est pas vrai. Les fourmis fongicoles, comme les autres, ont grand soin de porter hors du nid tous les déchets, tous les détritus inutilisables. Rien n'est plus propre, plus net, mieux tenu que leurs cités souterraines. En faisant ici ce qu'elles font, elles le font à dessein. Des photographies prises sur le vif par le D$^r$ Jacob Huber, nous montrent clairement une Atta qui saisit dans ses pattes de devant un fragment de mycélium, le porte à l'extrémité de son abdomen qui, préalablement recourbé, émet une goutte immédiatement absorbée par le blanc de champignon. Jacob Huber vit répéter cette opération une ou deux fois par heure.

La vérité – et l'on pourrait faire la même observation à propos de plusieurs de leurs actes – la vérité c'est que nous répugnons à admettre qu'il se trouve sur cette terre d'autres êtres qui aient, par leur intelligence ou leurs qualités morales, les mêmes titres que nous à quelque importance spirituelle, à l'on ne sait quel rôle spirituel dans l'univers, à l'on ne sait quelle immortalité, quels vagues et grands espoirs. Qu'ils puissent partager avec nous un privilège que nous croyons unique, ébranle nos illusions millénaires, nous humilie, nous décourage. Nous les voyons naître, vivre, accomplir leurs humbles devoirs, puis disparaître par centaines de milliards, sans laisser de traces, sans que rien ni personne s'en inquiète, sans qu'ils aient jamais atteint d'autre but que la mort. Nous ne voulons pas nous dire qu'il doit en être de même pour nous. Nous aimerions mieux que tout fût stupide, instinctif, automatique, irresponsable. Un jour nous apprendrons, comme tout ce qui vit avec nous sur ce globe l'a déjà fait, à nous contenter de la vie. Ce sera le dernier idéal, élargi par tous ceux qu'il aura résorbés ; et nous éprouverons peut-être, quand nous saurons nous y prendre, qu'il est suffisant et, en tous cas, aussi grand et moins décevant que la plupart des autres.

## V

Les Attinis occupent souvent d'énormes nids confédérés. Dans celui que Forel étudia en Colombie, la partie principale avait un diamètre de cinq ou six mètres et trois pieds de hauteur. Il était flanqué de tumulus moins élevés et de logis accessoires situés à deux ou trois cents pas de la maison mère. Les ravages que commettent ces puissantes fourmis sont comparables à ceux des termites et il faut la fougue et la luxuriance des végétations tropicales pour ne pas succomber à leurs dévastations. L'arbre qu'elles attaquent est perdu ; toutes les feuilles sciées au pétiole tombent au pied du tronc où elles sont recueillies par d'autres fourmis qui les découpent sur place en morceaux portatifs ; et, ombragées de verdure, d'où leur nom de fourmis-parasols, en longues files, à perte de vue, les acheminent vers le nid. En moins d'une heure tout est terminé et de l'arbre dépouillé, qui n'est plus qu'un squelette, elles passent au voisin qui subit le même sort.

Engrangées dans le nid, les feuilles subissent un nouveau découpage en fragments très menus dont, après d'autres triturations compliquées, seront formées les couches des jardins souterrains.

Rien ne serait plus féerique que ces jardins si l'on pouvait les agrandir à l'échelle humaine. Imaginez un paysage sous-marin ou lunaire qui approfondit sous le microscope, comme je l'ai vu chez un de mes amis en Californie, ses lointains pâles et bleuâtres où foisonnent une végétation vermiforme et globulaire, des faisceaux et des buissons de blanches flammes immobiles et tentaculées, des floconnements et des efflorescences fluides, des éponges de neige duveteuse, un fouillis, un grouillement de larves anémiées qui menacent et semblent tout envahir sans changer de place, des réseaux livides, des chevelures nébuleuses emperlées d'œufs translucides dont le nombre croît d'heure en heure.

N'oublions pas, pour terminer, une curieuse Attinée, de l'Argentine, l'Atta Vollenweideri, étudiée récemment par le D$^r$ Carlos Bruch, de Buenos-Aires. Elle cultive ses champignons non pas au fond de ses nids souterrains mais à l'air libre, à leur surface. L'énorme cryptogame, le Locellina Mazzuchi, sa nourriture exclusive, dont le chapeau atteint un diamètre de trente à quarante centimètres et qui pèse parfois trois kilogrammes, ne se trouve nulle part ailleurs que sur ses nids ; de même que le Poroniopsis Bruchi, autre champignon moins volumineux, ne pousse que sur les nids d'une autre Atta, l'Acromyrmex Heyeri, qui n'en sont jamais dépourvus. Il serait difficile ici, comme sur bien d'autres points, d'invoquer le hasard et de nier l'intervention d'une volonté consciente et intelligente.

# VI

La fondation d'une cité fongicole est aussi difficile, aussi hasardeuse, aussi héroïque que celle d'une de nos fourmilières européennes et se complique de l'indispensable culture des champignons. Jacob Huber et le professeur Gœldi ont complété sur ce point les études de Moëller et les ont poussées jusqu'au bout. Leurs observations ont porté sur l'Atta Sexdens.

Dès qu'elle s'est installée dans sa logette souterraine, l'Atta en question dégorge sa pelote de filaments et s'empresse de la fertiliser de la façon que nous avons dite. Au bout de quelques jours la pelote s'anime et émet, dans toutes les directions, des hyphes, c'est-à-dire de légers cheveux blancs. La champignonnière est amorcée, s'étend rapidement et les premiers œufs y sont déposés. À partir de ce moment, jusqu'à la formation et l'apparition des ouvrières, la mère, les larves, les nymphes, les taches fongiques et jusqu'aux œufs mêmes, tout n'a d'autre nourriture que les œufs. C'est l'ovivorisme total, exclusif et inéluctable. Avant que commence la consommation des « Kohlrabis » ou des masses globulaires du mycélium cultivé par les premières ouvrières, on compte que la mère pond deux œufs par heure et, en tout, environ deux mille dont dix-huit cents sont consacrés à l'alimentation générale. Durant cette période, la mère n'a pas autre chose à manger que ses propres œufs, car, non plus que ses larves et ses nymphes, elle ne touche aux « Kohlrabis » ni au mycélium qui les précède. Quel est donc le secret de tout ceci qui vient de rien, de cette création au sens propre du mot ? Où puise-t-elle la substance de ces deux mille œufs dont, pour sa part, elle ne consomme que trois ou quatre cents, et qui représentent le poids de son corps ? Quelle est l'énigme de cet accroissement perpétuel, dans le vide, aussi extraordinaire que le serait le mouvement du même nom ? Il y a donc hors d'elle quelque chose d'inconnu qui entretient et multiplie sa vie ? De pareils phénomènes ne se produisent que dans l'invraisemblable monde des insectes. Où est l'explication de ce mystère qui n'est plus contesté ? Personne ne l'a trouvée jusqu'ici.

### FOURMIS AGRICOLES

#### I

À la suite des fongicoles du sous-sol, n'oublions pas les jardinières aériennes. Ce sont de minimes fourmis appartenant à cinq ou six espèces différentes dont je crois inutile de vous dire les noms extravagants. Elles habitent principalement les rives de l'Amazone et construisent leurs nids, ronds comme des boules, à la bifurcation de deux ou trois branches. Ils n'auraient rien de bien remarquable si elles ne les ensemençaient d'épiphytes qui sont, comme on sait, de petites plantes qui semblent parasites sans l'être et aux genres desquelles appartiennent beaucoup d'orchidées. Ces nids, nous dit Ule qui les a spécialement étudiés, ressemblent à des éponges fleuries. Il soutient qu'il est impossible que les semences soient apportées par le vent ou par les oiseaux, car souvent ces jardins sont créés dans des endroits où l'on ne trouve aucun épiphyte, et du reste ce genre spécial d'épiphyte ne prospère que dans un humus préparé par les Attas. Autre preuve : quand on donne à celles-ci une baie provenant de leur plante favorite, elles en sucent le jus et plantent soigneusement le noyau dans leur nid.

Elles les cultivent non point pour jouir de leur floraison, mais afin de consolider leur demeure par l'emmêlement chevelu des radicelles de ces pseudo-parasites. Grâce à elles, les boules d'humus qui leur servent de logis acquièrent une telle cohésion, une telle solidité, qu'elles résistent aux plus violentes pluies tropicales comme aux rayons du plus ardent soleil équatorial. Pour tout dire, ces dernières questions sont encore discutées et attendent de nouvelles observations.

## II

Mais la véritable fourmi agricole, c'est la fourmi appelée par erreur fourmi semeuse, qui est réellement une fourmi sarcleuse, la Pogonomyrmex Molefaciens du Texas, et la Pogonomyrmex Barbatus du Mexique. Je me rappelle en avoir admiré un nid dans une promenade que je fis une après-midi, aux environs de Houston, au cours de mon voyage de la Nouvelle-Orléans à Los Angeles. Il ne faut pas la déranger, car son aiguillon instille un venin, encore mal connu, qui n'est pas l'acide formique, mais dont les effets sont très douloureux.

Dans les plaines herbues qu'envahissent de violentes et tenaces végétations, elles défrichent et dénudent, à grand travail, autour de leur nid, une aire circulaire d'où rayonnent vers la brousse des routes bien entretenues et sur laquelle elles ne tolèrent et ne cultivent qu'une seule espèce de graminée, l'Arista Oligantha, appelée vulgairement Riz de fourmi ou Herbe à aiguilles.

Lincecum, qui le premier les observa, affirme qu'elles la sèment, mais Mc. Cook qui vint après lui prétend que par d'incessants sarclages elles se contentent d'exterminer, autour de leurs céréales favorites, toutes les autres plantes. Elles agissent comme de véritables pionniers, jardiniers, agriculteurs et avant tout bûcherons, car les grandes herbes subtropicales représentent pour ces minuscules insectes de gigantesques arbres dont elles attaquent la base à coups de scie et font ensuite basculer la tête sous leur poids. L'opinion de Mc. Cook est corroborée par Wheeler qui, durant un séjour de quatre ans au Texas, eut l'occasion d'observer à loisir les fourmis en question et de découvrir la cause de l'erreur. Les Molefaciens ne semblent pas prendre les mêmes précautions que nos Moissonneuses d'Algérie ou du sud de la France afin d'endormir ou du moins de retarder le réveil des graines qu'elles emmagasinent. Quand, à la suite de quelques jours de pluie, ces graines se mettent à germer et menacent d'envahir et d'étouffer le nid, elles se hâtent de se débarrasser de celles qui ne sont pas utilisables et de les porter à une certaine distance, parmi les déblais de la four-milière, où elles prennent racine et forment ces rizières qui avaient intrigué les premiers explorateurs.

## III

À ces fourmis agricoles ou jardinières on pourrait en rattacher d'autres qui, sans rien cultiver, moissonnent et engrangent. Les fourmis des pays plus ou moins froids, contrairement à ce qu'on croit, ne font pas de provisions pour l'hiver qu'elles passent au fond de leur nid dans un engourdissement dont elles ne se réveillent qu'au printemps, c'est-à-dire au moment où elles retrouvent au de-hors les vivres nécessaires. Mais d'autres espèces qui habitent les régions plus chaudes où l'hiver moins rigoureux mais improduc-tif ne les endort pas, prévoient l'avenir et prennent leurs précau-tions. Entre celles-ci, l'une des plus connues et des mieux étudiées est le Messor Barbarus qu'on rencontre dans le midi de la France et qui abonde en Algérie où il est fort redouté. J.-T. Moggridge, Escherich, Arthur Brauns et Cornetz s'en sont occupés. Cette four-mi de grande taille accumule dans ses souterrains des graines de diverses plantes qu'elle ramasse sur le sol ou qu'elle récolte à même les tiges ou pédoncules, soit en tordant ceux-ci, soit en les cou-pant ou en les sciant à l'aide du sécateur dentelé que forment ses mandibules. À l'entrée du nid fonctionne un sévère contrôle : les apprenties ou les novices qui apportent naïvement de menus cail-loux, des débris de porcelaine ou des semences non comestibles sont vivement rabrouées et priées d'aller déposer ailleurs leurs petites erreurs. Je n'insisterai pas sur les drames qui se déroulent aux portes des couloirs, quand il s'agit d'y introduire des glumes trop volumineuses ou un bout d'épi qui se met toujours en travers. C'est un spectacle qu'il est facile de s'offrir durant l'été, entre Saint-Raphaël et Menton, et qui, pour peu qu'on possède l'imagination qui le transpose à l'échelle humaine, en vaut bien d'autres que l'on vient chercher sur la Côte d'Azur.

Ces graines entassées et parfois méthodiquement classées dans les greniers plus soigneusement cimentés que le reste de la four-milière, mais, durant la saison des pluies, assez humides, comment les moissonneuses les empêchent-elles de germer ? C'est une question que les myrmécologues n'ont pas encore bien nettement résolue. Les uns prétendent qu'elles les portent, quand il est nécessaire, dans des sortes de séchoirs situés près de la surface du nid, d'autres soutiennent qu'elles leur font subir une préparation spéciale, qui inhibe, sans la détruire, la faculté germinative, car elles se développent normalement lorsqu'on les sème hors de la fourmilière. D'autres enfin sont d'avis qu'elles rongent simplement les radicelles à mesure qu'elles se montrent et que c'est même cette espèce de maltage qui les rend assimilables. En tout cas, elles ne les consomment jamais telles quelles, mais les concassent, les broient, les malaxent et en font une pâte ou une bouillie semi-liquide. Généralement, des soldats spécialisés, des soldats à grosses têtes et à mandibules énormes, sont chargés de ce travail de boulangerie. À ce propos, et pour dire le mal comme le bien, il faut signaler une moissonneuse du genre Pheidole dont la cruauté et l'ingratitude révoltantes, habituelles chez les termites et les abeilles, sont exceptionnelles dans le monde des fourmis. À la fin de la saison, quand ces malheureux meuniers-mitrons sont devenus inutiles, le conseil secret de la cité les fait décapiter et jeter hors des murs ; puis, au printemps suivant, ordonne aux femelles fécondées de leur créer des remplaçants.

## IV. LES FILANDIÈRES

À proprement parler, elles sont plus arboricoles qu'agricoles. Elles occupent, hors série, une place exceptionnelle. Nous atteignons ici le sommet de l'art et de l'industrie. Les fourmis filandières, découvertes ou pour mieux dire expliquées depuis moins de trente ans, Œcophyllas et Polyrhachis habitent les régions tropicales de l'Asie, de l'Afrique et de l'Australie. On a récemment constaté que le Camponotus Senex du Brésil tissait son nid de façon identique. Les filandières sont notamment assez populaires en Indochine où les indigènes les respectent et les soignent, car elles défendent les plantations contre les attaques de divers parasites. Bugnion, Doflein, Dodd, Karl Friedrichs, Goeldi et quelques autres les ont étudiées.

Pour construire leur nid, elles commencent par jeter leur dévolu sur deux ou trois longues feuilles qu'elles désirent réunir. Rangées et solidement agrippées sur le bord de l'une de celles-ci, au nombre d'une centaine s'il le faut, nous dit Dodd, agissant de concert, de leurs mandibules, elles saisissent la feuille voisine. Si elles ne peuvent directement l'atteindre, elles forment la chaîne ou le pont, chacune d'elles étreignant solidement sa compagne par le pétiole, entre le métathorax et l'abdomen, jusqu'à ce que la fourmi de tête parvienne à accrocher et à rapprocher l'autre feuille. Quand les bords se touchent à peu près ou du moins se trouvent à la distance jugée convenable et commode, il s'agit de les maintenir à leur place. Alors interviennent les fileuses. Elles portent entre leurs mandibules une larve qui se préparait à tisser son cocon et qu'on vient d'arracher à ses préoccupations égoïstes afin de la consacrer à des travaux d'utilité publique. C'est pourquoi les larves et les nymphes des Fileuses sont toujours nues, toute soie disponible étant réquisitionnée pour la confection du nid. Au moyen du fil encore visqueux que sécrète son outil, la tisseuse, passant et repassant sa vivante navette, relie et fixe les deux bords. Les autres filandières, leurs larves entre les dents, en font autant sur toute la longueur de la feuille ; et le travail se poursuit jusqu'à ce que le nid entièrement tissé devienne un énorme cocon divisé en une infinité de chambres à parois et colonnettes de soie.

## V

Voilà donc que pour la première fois, dans le monde animal, se révèle l'usage de l'outil. On n'en trouve pas d'autre exemple chez les insectes ou chez les mammifères qui occupent les sommets dans la hiérarchie des êtres vivants. Il est vrai, paraît-il, qu'on a vu parfois un singe enchaîné se servir d'un bâton afin de rapprocher une banane ou une noix qui ne se trouvait pas à portée de sa main ; mais le fait semble si précaire, si incertain et né de velléités si incohérentes et si hasardeuses qu'il est impossible de l'assimiler à l'emploi réfléchi et méthodique de la navette et du fuseau. Dans aucun autre domaine les fourmis n'ont fait un pas qui les ait mises plus près de nous. Elles ont réellement franchi une frontière qui paraissait presque aussi inviolable que celle du feu.

Nous nous émerveillons que nos animaux domestiques les plus intelligents passent chaque jour à quelques millimètres d'une idée sans l'apercevoir. Mais qui nous dit que nous ne passons pas aussi à côté de beaucoup d'autres idées qui, à d'autres intelligences, doivent paraître aussi simples, aussi élémentaires que celle de l'outil et que nous ne remarquerons peut-être jamais bien qu'à chaque instant, comme disent les enfants dans leurs jeux, nous brûlions ?

Les fourmis iront-elles plus loin ? L'étude de leur évolution des temps paléontologiques à nos jours, ne permet pas d'en décider ; mais il n'est pas impossible que de ce côté se préparent, sinon des dangers, du moins des nuages dont nous aurons à nous occuper. En tout cas, leur marche sera si lente que lorsqu'ils deviendront menaçants, nous n'existerons plus ; car tout semble présager que l'homme, le dernier venu sur cette terre, sera le premier à la quitter, pour aller on ne sait pas encore où.

## VI. FOURMIS-RÉSERVOIRS

Les fourmis à miel, fourmis rotondes, fourmis-outres, fourmis-bonbonnes, fourmis-réservoirs dont j'ai déjà dit quelques mots dans un chapitre précédent, portent dans l'entomologie officielle le nom moins vulgaire, moins pittoresque et moins facile à prononcer et à retenir de Myrmécocystus Melliger.

Nous devons au révérend Mc. Cook à peu près tout ce que nous savons sur elles. Comme les fongicoles, elles aiment les régions chaudes, bien que la nature, sous d'autres climats, en ait ébauché des préfigurations ou des contrefaçons, notamment dans des pays arides où elles sont presque indispensables à des insectes plus ou moins vignerons qui n'ont pas encore appris à façonner des tonneaux, des jarres ou des bouteilles, et qui veulent avoir en réserve des aliments liquides.

C'est dans l'Hortus Deorum, ou Jardin des Dieux, du Colorado que Mc. Cook les étudia. Elles vivent exclusivement des gouttes de miel qui suintent des galles d'un chêne spécial, le Quercus Undulata, dont elles se gorgent au point de tripler et de quadrupler le volume de leur abdomen. Celles qui parviennent à le quintupler ou à le sextupler sont promues au grade de réservoirs ; on achève de les remplir à domicile jusqu'à ce qu'elles aient atteint huit fois le poids normal ; après quoi, par les pattes de devant, elles s'accrochent au plafond de l'une des dix ou vingt chambres à miel taillées dans le grès rouge et y restent suspendues jusqu'à leur mort et plus outre, car souvent leurs crochets ne lâchent prise que deux ou trois jours après le décès. On voit les inconvénients, mais on se demande quels sont les avantages de cette onéreuse promotion. Se trouvent-ils dans les voluptés de régurgitation, dans une stupidité phénoménale, dans la satisfaction d'une vanité sans bornes, ou dans les joies du sacrifice intégral ? Ce qui, dans notre monde, semblerait invraisemblable ne l'est pas nécessairement dans celui des fourmis.

L'insecte ordinaire a une taille de cinq ou six millimètres ; gonflé à se rompre, il devient translucide et atteint les dimensions d'un grain de raisin qui contient un miel délicieux, paraît-il, et fort recherché par les habitants du pays.

La fourmilière explorée par Mc. Cook, avec ses couloirs, ses entrepôts et ses galeries superposés, occupait un espace d'environ trois mètres de longueur sur un mètre de hauteur et cinquante centimètres de largeur et était tout entière creusée dans un grès rouge, assez friable, mais beaucoup plus dur que la terre végétale. Elle comprenait dix chambres à miel renfermant chacune une trentaine d'outres vivantes.

Qu'accidentellement un de ces ballons se décroche et tombe lourdement sur le sol, s'il éclate, les fourmis maigres se précipitent à la curée sucrée. S'il demeure entier, il ne peut plus se relever ni remonter à son poste dans le haut du cellier. Personne n'y touche malgré l'appât du miel, mais personne ne lui vient en aide, et, agitant désespérément ses pattes dans le vide, il finit par mourir sur place, parfois au bout de plusieurs mois. Alors les maigres séparent le thorax de l'abdomen et, sans y porter une mandibule profanatrice, roulent celui-ci hors de la cité, jusqu'au lieu qui sert de cimetière où elles l'abandonnent.

Voilà en quelques mots ce qu'on sait de leurs mœurs. Je ne crois pas que celles des Sélénites ou des Bételgeusiens puissent nous paraître beaucoup plus surprenantes ou plus inexplicables.

Bien qu'on ignore ici, comme en tant d'autres cas, le fond des choses, ne nous attristons point. Nous ne serons jamais que les jouets d'une heure et nous ne pouvons espérer l'absolu. Ce qui est acquis est acquis et nous avons des milliers, voire des millions d'années pour éclaircir le reste. Au surplus, il y a bien des problèmes plus urgents que celui-ci, encore que tout se tienne et que la moindre réponse indiscutable, à la plus petite des questions, que cette réponse nous vienne d'Antarès, d'une Naine Blanche ou de la fourmilière, intéresse tout ce qui nous touche de plus près.

## VII

Complétons ces paragraphes consacrés aux Fileuses et aux Réservoirs, en passant rapidement en revue un certain nombre de petites industries auxquelles nous ne nous étions pas encore attardés. Nous savons que dans la fourmilière le travail est organisé avec beaucoup plus de méthode et de sang-froid que ne le ferait supposer l'agitation désordonnée que nous remarquons d'habitude à la surface du nid ; agitation qui du reste, neuf fois sur dix, n'est imputable qu'à notre présence menaçante comme un cataclysme, à notre intervention intempestive, à nos gestes inconsidérés ? Dans les ténèbres des galeries souterraines, chacun a sa besogne sait exactement ce qu'il faut faire et le fait avec soin. À peine sortie de sa coque, la nymphe devenue fourmi, encore flageolante sur ses pattes molles, s'empresse autour des œufs, des larves et des pupes qu'elle nourrit, tourne, retourne, déplace, brosse, peigne et nettoie sans arrêt. Elle ne sortira du terrier que lorsque ses membres et sa cuirasse de chitine se seront suffisamment raffermis. Elle deviendra alors exploratrice, espionne, bergère, pourvoyeuse, jardinière, champignonniste, moissonneuse, terrassière, maçonne, menuisière, réservoir à miel, guerrière, nourrice, ménagère, etc., selon sa race, sa vocation, ses aptitudes, ou les ordres de l'intelligence centrale.

Mais parfois sa spécialisation est à tel point marquée dès sa naissance qu'elle modifie la structure de son corps. Ces modifications sont moins générales, mais souvent aussi profondes, aussi radicales que chez les termites. Certaines ouvrières sont munies, par prédestination, d'un outillage spécial, selon qu'il s'agit de scier, de couper, de dépecer, de tarauder, de broyer. Celles qui seront soldats acquièrent des mandibules deux ou trois fois plus grandes, plus acérées, plus redoutables que les mandibules normales. D'autres possèdent des mandibules à ressort qui leur permettent de sauter comme des puces et d'échapper ainsi à l'adversaire déconcerté. L'hôte encore peu connu des forêts vierges du Brésil, le mystérieux Gigantiops Destructor, aux grands yeux, bondit de branche en branche, et une fourmi indienne, l'Harpegnatus Cruentatus, d'une détente de ses mâchoires franchit un demi-mètre.

Il en est qui se couvrent d'épines, quelques-unes ont des gaines dans lesquelles elles abritent leurs fragiles antennes. Des habitantes du désert, qui toute leur vie auront à charrier des grains de sable, sont pourvues d'énormes têtes en forme de spatule, de cuiller, de cupule. Il suffit du reste de juxtaposer sur une feuille de papier quelques visages appartenant à diverses espèces d'ouvrières ou de soldats, pour réunir la plus hallucinante collection de masques qu'un « carnavalier » de Nice ou de Venise ait jamais imaginée.

## VIII

L'un des plus curieux de ces masques est celui dont s'affuble le soldat concierge ou portier. Ou plutôt, à proprement parler, il n'est pas portier, mais sa tête, monstrueusement spécialisée, est la porte même, qui obture exactement, comme un tampon, l'ouverture du nid. Si ce nid, par exemple, est installé dans une tige de bambou, le front du portier prend l'aspect et la couleur de la tige en question, s'il se trouve dans le tronc d'un vieux poirier, il se camoufle en écorce de poirier. On trouve toute une série de formes intermédiaires qui vont du portier ou de la tête-porte-née, au demi-portier, au portier suppléant, au portier candidat, au portier amateur, etc., dont l'organe semble déterminer le destin, à moins que ce ne soit le destin qui ait déterminé l'organe.

On a tout récemment découvert ou cru découvrir des spécialistes encore plus imprévus : des fourmis-pompiers. Une myrmécologue à qui nous devons déjà plus d'une étude intéressante et scrupuleuse, M^{me} Marguerite Combes, fille du grand botaniste Gaston Bonnier, dans une note publiée par le *Journal de psychologie normale et pathologique*, et dans des communications faites à la « Société Entomologique » de France résumées et complétées dans un article paru dans la *Revue des Deux Mondes* du 1^{er} avril 1930, déclare avoir vu, à plusieurs reprises, dans l'enclos du laboratoire de Biologie végétale de Fontainebleau, une équipe de Formica Rufa attaquer de concert et éteindre à l'aide de projections d'acide formique, parfois en dix secondes, parfois en dix minutes, un rat de cave allumé sur le nid. Souvent, les premières qui affrontèrent la flamme, périrent victimes de leur dévouement. Dans d'autres expériences les fourmis éteignirent, devant témoins, une grosse veilleuse de cire, de celles qu'on emploie pour les réchauds. Ces épreuves, plus d'une fois renouvelées, donnèrent toujours les mêmes résultats ; mais il faut ajouter que cette aptitude à éteindre le feu paraît exceptionnelle ; en effet, sur six fourmilières de Formica Rufa établies dans l'enclos dont parle M^{me} Combes, une seule, toujours la même, la possède franchement et la garde d'année en année.

Au premier abord, les faits paraissent invraisemblables. Comment admettre que les fourmis aient la notion du feu ? Naturellement il n'y a jamais eu de feu dans la fourmilière. En ce qui la concerne, il ne peut provenir que de la foudre, ou de l'incendie de la forêt ou de la plaine, c'est-à-dire que les fourmis ne le peuvent connaître qu'en y périssant et n'eurent jamais l'occasion d'en acquérir l'expérience.

Néanmoins, leur manière d'agir peut à la rigueur s'expliquer. Il est en effet d'observation courante que lorsqu'elles se trouvent, par exemple, en présence d'un liquide dont l'odeur les incommode, elles jettent dessus des boulettes de terre ou des débris, jusqu'à ce qu'il soit absorbé. N'est-ce pas un réflexe analogue, – si l'on peut qualifier de réflexe un geste aussi manifestement intelligent, – qui les fait agir de la même façon à l'égard de la flamme ?

M^{me} Combes est d'avis que ses Formica Rufa se familiarisèrent peu à peu avec le feu grâce à des bouts de cigarettes jetés fréquemment sur leur nid. Il est fort possible que cette explication très simple soit la meilleure. En tout cas, elle n'enlèverait rien au génie manifesté par la fourmilière.

La Formica Rufa pullule dans les bois de Peira-Cava qui s'étendent au-dessus de Nice, près de la frontière italienne, à une altitude de quinze cents mètres. On n'y fait pas vingt pas sans y rencontrer un de leurs monticules d'aiguilles de pin, haut de cinquante à soixante-quinze centimètres. J'y ai fait ces jours-ci, avec des bouts de bougie de divers calibres, des rats de cave et des veilleuses de cire, une trentaine d'expériences.

Le tronçon de bougie, long de deux ou trois centimètres, posé tout allumé au sommet du nid, était immédiatement attaqué avec fureur par les premières ouvrières qui l'apercevaient ; l'alarme se répandait et bientôt une foule affolée faisait cercle autour de la zone, large comme une pièce de cent sous, où la flamme, à leurs yeux gigantesque, puisqu'elle avait trois ou quatre fois la longueur de leur corps, rendait la chaleur intolérable. À chaque instant, une ouvrière, tête baissée, se précipitait dans le cercle infernal. On entendait un bruit de friture et le corps de l'insecte, recroquevillé, flambait comme une allumette. D'autres, de plus en plus nombreuses, suivaient l'exemple héroïque ou s'engluaient et mouraient étouffées ou ébouillantées dans la nappe de cire fondue qui peu à peu s'élargissait autour de la bougie. Celle-ci finissait par s'éteindre naturellement quand la mèche penchait et tombait sur le côté, faute de soutien et d'aliment. Mais je n'ai jamais constaté que les fourmis contribuassent à son extinction. Je dois même avouer que je ne comprends pas comment elles le pourraient faire, vu qu'avant qu'il leur soit possible d'approcher à distance convenable, elles périssent grillées ou asphyxiées. Il faudrait user d'une très petite flamme, d'une flamme à leur taille ; mais alors cette flamme serait si fragile, si précaire, qu'en la frôlant, en passant dessus, elles l'éteindraient sans peut-être en avoir nettement l'intention.

En tout cas, ce que j'ai constaté, c'est leur héroïsme insensé, manifestement surhumain. D'autres feront sans nul doute des expériences plus concluantes. J'ai suspendu les miennes parce qu'elles me semblaient inutilement cruelles.

On me signale que dans certaines forêts, notamment dans celles de Compiègne et de Fontainebleau, la Formica Rufa devient de plus en plus rare. Les chercheurs d'œufs, ou plutôt de cocons destinés à l'élevage des faisans, lui font une guerre sans merci. Il serait temps qu'une loi intervînt, comme en Prusse, afin de sauver d'une destruction complète cette belle fourmi, qu'on a surnommée la Police des Forêts. Un consciencieux myrmécologue, M. Robert Stumper, a calculé qu'un nid de Formica Rufa détruit par jour plus de cinquante mille insectes nuisibles : hyménoptères, microlépidoptères, chenilles, etc.

## IX

Puisque vers la fin de ce chapitre nous nous sommes quelque peu éloignés de nos insectes agricoles, permettons-nous une dernière digression.

Quand nous voyons les fourmis s'affairer autour de leur logis dont on vient de troubler le repos, transporter avec une aisance incroyable, par les montées et les descentes les plus abruptes, des cocons deux fois plus gros qu'elles, charrier, dresser, manœuvrer en se jouant et pour ainsi dire à mandibules tendues, des aiguilles de pins ou des bouts de bois qui pour nous représenteraient des madriers ou des poteaux que deux ou trois hommes manieraient avec peine, nous les croyons douées d'une force musculaire que jusqu'ici nous estimions huit ou dix fois supérieure à la nôtre. Il est fort possible que nous nous trompions. J'ai récemment reçu à ce sujet, de la part d'un ingénieur suédois, une communication qui, par contre-coup, ébranle sérieusement des idées qui n'étaient peut-être fondées que sur de fallacieuses apparences. Il prend un homme haut de 2 mètres. Cet homme peut porter sans peine une boule de fer de 20 centimètres de diamètre, pesant 35 kilogrammes, c'est-à-dire 35.000 grammes. Réduisez cet homme au millième ; il aura 2 millimètres de hauteur et le poids de sa boule, réduit dans les mêmes proportions, sera de 35 grammes, son diamètre étant de 2 centimètres. Il en induit que l'homme réduit au millième serait incomparablement plus fort que la fourmi, puisqu'il peut porter un objet ayant dix fois sa taille.

On a vivement critiqué les calculs de cet ingénieur. Il se trompe en effet totalement. Il applique une réduction linéaire à un poids, c'est-à-dire à un volume. Dans l'exemple qu'il propose, la réduction à 1 millième donne un homuncule de 2 millimètres de haut portant une sphère de 2 dixièmes de millimètre, soit un grain de poussière métallique à peine visible à l'œil nu.

Son erreur est intéressante parce que c'est celle où nous tombons tous instinctivement quand nous voyons des fourmis porter des objets deux ou trois fois plus grands qu'elles. En multipliant par mille leur taille et le poids présumé de l'objet, nous faisons inversement le même calcul erroné. Nous ne pensons pas au poids de l'insecte, poids qu'en général nous ignorons, et ne tenant compte que de sa taille, parce que nous ne voyons qu'elle, nous multiplions ou divisons l'une par l'autre deux valeurs qui n'ont rien de commun. C'est le poids de l'homme qu'il faudrait diviser par mille, ce qui nous donnerait un homme de 100 à 110 grammes. Quelle serait sa taille ? Ici, comme le fait remarquer un de mes correspondants, la mathématique est en défaut, parce que la substance de l'homme n'est pas homogène ni sa structure homothétique.

Le problème est d'ailleurs beaucoup plus complexe qu'on ne croit. Victor Cornetz, en 1922, a publié à ce sujet, dans le *Mercure de France*, une étude qui l'éclaire mieux que je ne le saurais faire. Il constate que le poids de la fourmi est en proportion du cube de sa taille. « Une fourmi, trois fois plus petite qu'une de ses congénères, pèse vingt-sept fois moins ; or sa force musculaire n'est pas amoindrie dans les mêmes proportions ; elle dépend du carré, c'est-à-dire que le petit insecte n'est « absolument » que neuf fois moins fort que le grand. L'une des dimensions, la longueur du muscle, ne compte pas dans l'évaluation de la force. Ce rapport de la dimension au cube, rapport qui domine tout le débat, est donc d'autant plus avantageux pour un être que cet être est plus petit, si les proportions restent à peu près les mêmes et l'est d'autant moins que cet être est plus grand. »

Yves Delage (*Revue Scientifique* du 19 juillet 1912), que cite Victor Cornetz, montre théoriquement qu'une fourmi qui peut porter un grain de blé dix fois plus lourd qu'elle, si elle devenait mille fois plus grande, ne pourrait plus porter que le centième de son poids. Elle serait alors cent fois plus faible que l'homme et le cheval.

## LES PARASITES

### I

Attirés et retenus par le confort, la richesse, la tiédeur, la sécurité du nid, encouragés par une mansuétude générale qu'on prendrait volontiers pour de la faiblesse ou de l'imbécillité si elle n'était si souvent héroïque ou ingénieuse, les parasites pullulent de façon hallucinante dans la fourmilière. On en compte à l'heure présente plus de deux mille espèces, et d'incessantes découvertes, surtout parmi les insectes tropicaux, accroissent journellement ce nombre. Leur étude, à laquelle on a consacré des articles et des volumes dont l'énumération remplirait cinq ou six pages, forme un des chapitres les plus encombrants et les plus bizarres de la myrmécologie. Je ne m'y arrêterai que pour en tirer quelques observations qui éclairent d'un jour indirect, mais parfois assez vif, la psychologie encore bien confuse et bien déconcertante de la fourmi. Le parasitisme, du reste, paraît être une des lois fondamentales de la nature, une de ses méthodes préférées ; et le professeur J.-M. Clarke en trouve déjà des manifestations chez les animaux marins du Cambrien, c'est-à-dire à l'origine même de la vie. Cette constatation n'est pas faite pour nous donner une idée fort consolante de la noblesse de sentiments de notre mère universelle, mais elle est incontestable et a droit à notre attention. Nos fourmis naïvement et témérairement hospitalières tiennent maison et table ouvertes, si l'on peut dire, et commencent par écornifler en famille. Quelques espèces, peu nombreuses, il faut le reconnaître, ne vivent qu'aux dépens des races obstinément honnêtes et travailleuses. Je ne reviendrai pas sur le cas des Sanguines, des Amazones et autres similaires ; il s'agit là d'un parasitisme spécial ou plutôt d'une sorte de collaboration volontaire où les uns nourrissent la cité que les autres défendent. Sans parler des naines Dorymyrmex Pyramica, relativement inoffensives, signalons une autre fourmi, la Solenopsis Fugax, assez bassement criminelle. Vivant toujours sous terre, elle est presque aveugle et si petite qu'elle échappe aux regards et même aux antennes des malheureuses qui l'hébergent. Elle creuse ses minuscules galeries dans les cloisons d'espèces de forte taille, entre autres dans le nid de la Formica Fusca. À son gré, au moment propice, elle surgit des murs, comme dans une féerie tragique, emporte rapidement un œuf, rentre chez elle et le dévore tranquillement, car les victimes de ces rapts incessants ne peuvent pénétrer dans ses couloirs étroits. On est étonné que les grosses fourmis ne prennent, contre ces ogres lilliputiens mais impitoyables, aucune mesure préventive ou défensive. Sont-elles trop affairées, trop absorbées par leur travail pour les remarquer ? N'ont-elles pas l'idée d'agrandir les couloirs meurtriers ou d'en murer les orifices ? La question, je crois, n'a pas jusqu'ici été étudiée à fond dans une fourmilière artificielle. En tout cas, quand on bouleverse un de ces doubles nids, on est plus étonné encore de constater que ce sont les assassins qui se vengent et couvrent de morsures les parents dont ils ont massacré les enfants. Une fois de plus nous avons l'impression d'assister à des scènes qui se passent sur une autre planète.

## II

Avec la Bothriomyrmex Decapitans, observée par Santschi, et qui est affublée d'un nom aussi barbare que ses mœurs, nous ne quittons pas notre globe, mais entrons de plain-pied dans l'époque mérovingienne. Émettant une odeur à peu près pareille à celle de ses futures victimes, comme si la nature avait prémédité le crime qu'elle lui ferait commettre, elle en profite, au retour de son vol nuptial, pour s'introduire impunément dans le nid de Tapinoma Erraticum ou Nigerrimum, bonnes fourmis confiantes et laborieuses. Notablement plus petite que les Tapinomes, mais pleine d'assurance, comme si déjà elle portait la couronne, elle gagne rapidement les salles où sont rangés les œufs et les larves, y trouve les reines pacifiques, subjugue l'une d'elles, s'installe à califourchon sur son dos et s'applique à lui scier le cou, entre la nuque et le pronotum. La tête tombe. Épouvantées les autres reines prennent la fuite avec une partie de leur peuple. Les ouvrières qui demeurent fidèles à leur maison natale adoptent l'intruse qui, incontinent, se met à pondre. La race autochtone s'éteint peu à peu et le nid des Tapinomes devient une colonie de Bothriomyrmex.

Par d'aussi féroces exemples, ne jugeons pas les fourmis. Somme toute, sur plus de six mille espèces étudiées, on n'en compte qu'une douzaine qui ne travaillent jamais et vivent uniquement au détriment d'autrui. Avouons que la proportion est décente et que parmi les hommes elle serait moins flatteuse.

### III

Encore que sa biographie soit moins dramatique que celle de la Bothriomyrmex Decapitans, je ne peux passer sous silence, car elle est assez célèbre dans les annales entomologiques, l'Anergates Atratulus. Elle est plus bourgeoisement le type du parasite par destination. Les reines de cette espèce ne produisent pas d'ouvrières, mais uniquement des femelles et des mâles qui ne pensent qu'à l'amour, ne travaillent jamais et sont incapables de s'alimenter. À peine fécondée, encore agile et passant inaperçue, une de ces reines s'insinue dans le nid d'une race laborieuse, le Tetramorium Cœspitum, et l'on ne sait pourquoi, y est très favorablement accueillie. Abondamment nourrie, ses ovaires se développent de façon extraordinaire, elle s'enfle comme un ballon ou plutôt comme une reine de termites, devient monstrueuse et incapable de se mouvoir, se fait porter par ses dames d'honneur. Bientôt elle encombre le nid d'œufs qu'elle ne cesse de pondre. Les ouvrières du Tetramorium négligent leurs propres larves au profit de cette progéniture étrangère et parfois sacrifient leurs reines à l'intruse. Pourquoi cette préférence et cette aberration fatale ? Bien que von Hagens ait pu observer le même nid plusieurs années de suite et que des myrmécologues aussi sagaces que Adlerz, Wasmann, Janet, Wheeler, Crawley et Forel s'en soient occupés, on n'a pas encore trouvé de réponse satisfaisante à ces questions.

On pourrait citer d'autres exemples, notamment la Formica Microgyna, parasite temporaire, découvert par Wheeler, qui est facilement adopté par la Formica Fusca qu'elle finit par supplanter en donnant naissance à une colonie qui ne garde plus trace de ses origines malhonnêtes. « Belle réplique, ajoute Wheeler, de certaines institutions humaines qui, parties d'un timide et rampant parasitisme, acquièrent avec les siècles une exubérante et insolente prépondérance. »

D'autres parasites, les Platyarthrus, parfois d'assez grande taille, et qui, s'ils ne sont pas nuisibles, ne rendent aucun service, semblent avoir le don singulier de se rendre invisibles aux yeux des fourmis. Bien qu'ils pullulent dans leur nid, elles n'y font jamais attention et passent au milieu d'eux comme s'ils n'existaient pas. Mais les Platyarthrus ne sont pas des parents ou des alliés, ils appartiennent donc au chapitre suivant.

## IV

Ce parasitisme étranger nous réserve d'autres surprises et nous transporte également à des époques et dans des mondes aussi variés qu'inattendus.

Mentionnons d'abord, sans trop de commentaires, une légion de petits pique-assiette, de menus profiteurs, d'infimes escrocs, chapardeurs et « resquilleurs » comme on dirait dans le Midi, parfois persécutés parce que trop impudemment dangereux ou nuisibles, mais le plus souvent tolérés, même s'ils sont encombrants, qui vivent modestement sur les déchets du nid, happent une goutte de sirop ou passent leur temps à lécher les nutritives sécrétions de leurs maîtres. Ils ressemblent à des larves munies de pattes, à des crabes, à des criquets, à des crevettes, à des homards, relativement gigantesques puisqu'ils ont à peu près la taille de leurs hôtes ; et toute cette infernale ménagerie grouille librement dans le nid sans que les fourmis affairées et longanimes s'en offusquent. Même elles sont toujours prêtes à encourager leurs grivèleries. Ainsi quand l'Atelura Formicaria, un vilain asticot gras et conique, voit que deux ouvrières s'affrontent pour la régurgitation, il se dresse entre leurs mandibules afin d'intercepter le miel. Loin de bousculer l'indiscret, elles attendent gentiment qu'il ait pris sa part du festin. Elles agissent de même envers ces inexplicables Antennophores étudiés par Janet, Wasmann, Karawaiew et Wheeler, que portent beaucoup de Lasius Mixtus et auxquels j'ai fait allusion dans *La Vie des Termites*. Ce sont des sortes de poux, proportionnellement énormes, puisqu'ils sont aussi gros que la tête de leur victime. Généralement, sur le même Lasius, on en compte trois qui s'installent méthodiquement, l'un sous le menton, les deux autres de chaque côté de l'abdomen, de manière à ne pas déséquilibrer la marche de leur protecteur qui les soigne et les nourrit comme s'ils étaient ses enfants.

Il convient d'ailleurs d'ajouter que certains de ces hôtes hétéroclites rendent quelques services ; ils consomment les ordures, débarrassent leurs patrons des mites microscopiques qui les rongent et font la guerre à l'invisible vermine qui pullulerait dans les galeries trop poreuses.


# V

Mais le gros de l'armée est constitué par des coléoptères de toutes tailles et de toutes formes qui ont eu le temps, puisque nous les trouvons déjà dans l'ambre fossile, de modifier profondément leurs organes afin de les adapter exclusivement à la vie parasitaire qu'ils mènent depuis des millions d'années. Les antennes, par exemple, se sont épaissies pour solliciter plus efficacement la régurgitation, ou pour servir de poignées qui facilitent le transport ; car, extrêmement paresseux, ils ne marchent jamais et se font véhiculer par leurs adorateurs, la langue s'est raccourcie, la bouche s'est agrandie, le thorax s'est couvert de poils spéciaux afin que les sécrétions aromatiques et éthérées où réside le prestigieux attrait de ces étranges acolytes, soient plus généreusement diffusées. Quelques-uns, les Atemeles européens et les Xenoduses d'Amérique, choisissent même leurs villégiatures et ont deux domiciles, passant l'hiver chez les Formica et l'été dans le nid des Myrmica.

On en compte à ce jour trois ou quatre cents espèces, bien que celles des régions tropicales soient encore mal connues. Les fourmis les adorent à tel point et leur sont si passionnément assujetties, qu'elles entourent les larves de leurs favoris de plus de soins que les leurs et qu'en cas de danger elles les mettent d'abord en sûreté. Ils sont l'unique tare, le seul mais le grand vice de la vertueuse, de la chaste, sobre, austère et laborieuse république et s'affirment parfois un véritable fléau social aussi meurtrier, aussi fatal à la race que l'alcoolisme aux humains. Ils conduiraient infailliblement à la ruine et à la mort toute colonie qu'ils infestent, si un heureux hasard ou une providentielle erreur de la nature ne restreignait leur prolifération. D'abord, non contents de la régurgitation, ils dévorent volontiers la progéniture de leurs hôtes ; et d'autre part, les ouvrières qu'ils démoralisent et rendent en quelque sorte éthéromanes ne donnent plus aux larves royales les soins minutieux qu'elles exigent ; si bien que ces larves mal nourries ne produisent que des « Pseudogynes », c'est-à-dire des femelles dégénérées et infécondes. Il semble donc que dans ces conditions, certaines races, notamment les Sanguines, particulièrement assotées de leurs néfastes pensionnaires, devraient avoir disparu ; alors qu'au contraire elles sont plus nombreuses que les autres et répandues dans tous les pays du monde. Wasmann a trouvé l'explication de l'énigme. Les Sanguines traitent de même façon leurs larves et celles de leurs commensaux. Lorsqu'elles sont sur le point de se muer en nymphes, elles les enterrent pêle-mêle, afin qu'elles puissent filer leurs cocons. La nymphose accomplie, elles les exhument, les lavent et les rangent dans le nid. Mais les nymphes des coléoptères périssent si on les sort de terre après la nymphose, de sorte que n'échappent à la mort que celles que les ouvrières n'ont pas retrouvées.

## VI

Sur quoi, grandes discussions chez les myrmécologues. Wasmann, de la « Compagnie de Jésus », y voit une preuve de l'inintelligence des fourmis et une manifestation de la sagesse divine qui maintient l'équilibre dans la nature. Wheeler, soutenu par Hobhouse, l'auteur de *Mind in Evolution*, déclare que l'absurdité d'une fourmi qui nourrit les parasites qui détruisent ses enfants n'est pas plus grande que celle d'une mère qui croit assurer le bonheur de sa fille en la vendant à un multimillionnaire, d'un inquisiteur qui brûle un hérétique par charité chrétienne ou d'un Empereur, qui, au nom de la civilisation, ordonne à ses troupes de ne point faire de quartier. Il est certain que si nous alignons nos bévues, nos imbécillités et nos illogismes à côté de ceux de la fourmi, la comparaison ne sera pas nécessairement à notre avantage. Néanmoins, je ne crois pas que pour la défendre en l'occurrence, il soit indispensable de monter sur d'aussi grands chevaux. Il est assez naturel que la Sanguine sans malice, soignant des milliers de larves à peu près pareilles, les traite toutes de la même façon. C'est beaucoup lui demander que d'exiger qu'après l'hécatombe des nymphes parasites, elle reconnaisse son erreur. Il en est de plus graves que les hommes commettent de siècle en siècle et qu'ils n'ont pas encore éliminées. On peut du reste croire que l'expérience ne s'est pas inscrite dans l'instinct de l'insecte parce qu'il y avait un intérêt occulte mais majeur à ce qu'elle ne s'y inscrivît point. N'avons-nous pas vu plus haut, par exemple chez les fongicoles et les éleveuses de bétail, qu'elle est aussi capable que nous de fixer dans sa mémoire atavique les leçons du passé lorsque ces leçons lui sont vraiment utiles ?

## VII

Ajoutons que la nature ne met pas toujours aussi bénévolement le remède à côté du mal qu'elle provoque. L'excessive tolérance de certaines colonies, surtout lorsqu'il s'agit de parasites congénères, entraîne parfois leur extinction. Nous avons vu dans le chapitre consacré au *Secret de la Fourmilière*, l'exemple de la Wheeleriella Santschii. À force de caresses antennales elle gagne les faveurs des ouvrières des Monomorium Salomonis qui la préfèrent à leurs reines légitimes qu'elles suppriment. Après quoi, elle se met à pondre et substitue sa race à la race primitive. Mais comme les ouvrières de la Wheeleriella ne travaillent pas, toute la colonie usurpatrice finit par mourir d'inanition au faîte même de son triomphe. On trouve des exemples analogues parmi d'autres races Anergates, comme les appellent les entomologistes, c'est-à-dire sans travailleuses. Heureusement pour l'avenir de l'espèce myrmécéenne, ces races sont assez chétives et assez rares.

Notons en passant que parmi les insectes sociaux, l'abeille, grâce à son aiguillon redoutable et du reste n'ayant qu'un organe collectif rudimentaire, est à peu près exempte de parasites. Le termite, d'autre part, plus puritain, plus discipliné, assurément moins généreux, moins ingénieux, moins fantaisiste et moins artiste que la fourmi, n'en tolère qu'un très petit nombre qui semblent munis de glandes à parfum.

## VIII

Il est certain qu'au milieu de ces innombrables et multiformes parasites, généralement effroyables, souvent dangereux ou suspects et toujours encombrants, la vie de la fourmilière doit être assez différente de la nôtre. Elle évolue dans un mauvais rêve perpétuel, dans une féerie effroyable, mais peut-être passionnante, dans d'interminables souterrains hantés où des spectres, des fantômes, des apparitions plus démoniaques que celles de nos *Tentations de Saint Antoine*, sortent de tous les murs, font le guet à tous les carrefours, attendent dans tous les couloirs, envahissent toutes les chambres, caresseurs mais avides, frôleurs et patibulaires, offrant en échange du miel d'équivoques voluptés, des parfums ou des drogues maléfiques. Il nous est difficile d'imaginer qu'au retour de notre travail, nous trouvions notre maison peuplée de deux mille monstres différents, plus hideux les uns que les autres, qui s'y comportent comme s'ils étaient chez eux et dont l'idée fixe et organique, la seule raison de vivre est de vivre à nos dépens. Sans y rien comprendre, nous constatons que non seulement l'intelligente fourmi ne balaie pas d'un seul coup, comme elle pourrait facilement le faire, toute cette cour des miracles, toute cette ignoble et ruineuse mascarade, mais qu'elle la favorise, l'encourage, s'y complaît, la considère comme un luxe indispensable, récompense de ses peines, ornement et joie de sa maison et que plus elle est intelligente, industrieuse, riche et civilisée, plus elle se laisse impunément et complaisamment parasiter ; ce qui, du reste, en général, ne nuit guère à sa prospérité, car la bonne Formica Fusca, plus indulgente qu'aucune autre aux professionnels de l'écorniflage, est encore plus nombreuse et plus cosmopolite que la Sanguine adonnée aux stupéfiants des coléoptères.

Mais nous ne sommes pas compétents. Je l'ai déjà dit, notre vie intérieure et profonde, notre seule vie réelle, ne tourne pas dans le même sens. Tous nos vices viennent de l'égoïsme, au lieu d'être des excès d'altruisme. Ceux que perdent la bonté et la tolérance sont considérés comme des saints ou des fous, c'est-à-dire des aberrants. De tous les animaux sociaux, l'homme est le seul qui n'est victime d'aucun parasite, j'entends de parasite à peu près de sa taille, car l'infime vermine qui se trouve partout, même sur les parasites des parasites, ne compte pas. C'est apparemment pour la raison qu'étant le parasite par excellence, le plus grand parasite de la terre, il a jusqu'à ce jour tenu en respect ou en échec tous les autres. Nous avons réservé à nous seuls les avantages du parasitisme et ne l'exerçons qu'entre nous, mais sa pratique n'y perd rien. Il est évident que si nous agissions comme les fourmis, nous ne résisterions pas longtemps. Il faut donc qu'elles soient bien plus fortes que nous ou que leurs organes aient été conçus sur un autre plan en prévision des excès de la bonté, car aussi bons qu'elles nous aurions disparu dès les premiers jours.

## ÉPILOGUE

### I

Voilà donc, à peu près, l'essentiel de la vie des fourmis, incontestablement supérieure à celle des abeilles, qui est extrêmement précaire, asservie, surmenée, de petite santé et somme toute très brève, comme à celle des termites, féroce, incarcérée, furtive, barbare, impitoyable.

Supposons un instant que nos sens soient adaptés au milieu où elles se complaisent, que nos yeux aiment l'obscurité, notre palais les mets, notre nez les odeurs qu'elles recherchent, que représenterait pour nous, agrandie à notre taille, une vie de ce genre ? En balance de la nôtre, serait-elle plus ou moins supportable, plus ou moins inutile, plus ou moins explicable, plus ou moins désespérante ? À moins que des découvertes ou des révélations que nous apporteront peut-être les siècles que nous avons encore devant nous, n'améliorent et ne transforment singulièrement nos âmes et nos corps ; et sans tenir compte d'une survie de plus en plus incertaine et de promesses d'outre-tombe qui depuis des milliers d'années n'ont pas été tenues, je crois que la fourmi est bien moins malheureuse que le plus heureux d'entre nous. Sa mère, lorsqu'elle fonda la colonie dans les tourments et les affres que nous avons entrevus, semble avoir acquitté une fois pour toutes le lourd tribut que nous payons durant toute notre vie. L'épreuve surmontée, le destin ne réclame plus rien, au lieu que pour l'homme, les maux renaissent chaque jour.

Elle a d'abord, ce qui est très important et le support de tout, une santé, une vitalité indestructibles. Une fourmi décapitée continue de vivre durant une vingtaine de jours et jusqu'aux derniers moments se tient sur ses pattes. Son corps, renfermé dans une coque plus résistante que nos plus épaisses cuirasses, possède des entrailles et des viscères fibreux et les fonctions digestives, – notre abominable tare, – y sont à tel point réduites et si parfaites qu'elles ne laissent presque pas de déchets. Elle n'est qu'un comprimé de muscles et de nerfs, et rien ne peut nous donner une idée de l'énergie accumulée dans ses membres. Elle est pourvue d'un tel excédent de puissance qu'elle ignore, a fait remarquer Rémy de Gourmont, les lois de la gravitation, monte et descend à pic, comme elle évolue sur un plan. Elle ignore également les épidémies et toutes nos maladies. On ne sait pas quand elle est morte, tant elle ressuscite aisément. Miss Fielde a fait à ce sujet des expériences passablement cruelles mais convaincantes. Quatre fourmis sur sept revinrent à la vie après avoir été tenues sous l'eau durant huit jours. Elle en fit jeûner d'autres, ne leur donnant que de l'eau sur une éponge stérilisée. Neuf Formica Subsericea résistèrent de soixante-dix à cent six jours. Sur un grand nombre de fourmis soumises à cette épreuve, il n'y eut que trois cas de cannibalisme ; et le vingtième, le trente-cinquième, le quarantième et le soixante-deuxième jour de jeûne, à demi-mortes de faim, certaines d'entre elles parvenaient à donner encore, par régurgitation, une goutte de miel à celles de leurs compagnes dont l'état semblait désespéré.

Elles ne sont sensibles qu'au froid qui du reste ne les tue pas, mais les endort et leur permet d'attendre dans un engourdissement économique le retour du soleil.

## II

Hors les grands fléaux naturels, gelées, sécheresses excessives, inondations, famines, incendies qui menacent tout ce qui existe sur ce globe, hors les guerres de peuplades à peuplades qui finissent souvent par des adoptions et des alliances bienfaisantes, la fourmi, redoutée de tous, redoute peu d'ennemis. Rentrée chez elle, dans la Salente souterraine qu'il faudrait mettre à l'échelle humaine pour en comprendre les avantages, elle n'a plus rien à craindre, elle retrouve la paix, l'abondance, la fraternité totale. Malgré les perturbations, les excitations anormales, auxquelles je les ai soumises dans les fourmilières artificielles, avant de parvenir à allumer un commencement de guerre civile, il fallait complètement les affoler, leur faire perdre la tête, leur infliger des épreuves auxquelles aucune cervelle humaine n'aurait résisté. Normalement on n'a jamais vu deux fourmis d'une même république se battre entre elles, se quereller, oublier leur patience, leur aménité. Alors que les reines des abeilles n'ont de cesse qu'elles n'aient massacré leurs rivales, les reines des fourmis s'entendent et se traitent comme des sœurs. Quand il s'agit de prendre une résolution dont dépendra peut-être le sort de la cité : l'abandon de la maison natale, une émigration, une expédition dangereuse, par des caresses antennales, surtout par l'exemple, elles s'efforcent de convaincre celles qui ne partagent pas leur avis. Il leur arrive alors, comme le dirait fort bien Michelet, qui cette fois n'est pas trop sentimental, « d'enlever l'auditeur, qui ne fait aucune résistance, et de le transporter au lieu, à l'objet désigné. Dans ce cas, qui sans doute est celui d'une chose difficile à croire ou à expliquer, l'auditeur convaincu s'unit à l'autre, et tous deux vont enlever d'autres témoins qui, à leur tour, font sur d'autres, en nombre toujours croissant, la même opération. Nos mots parlementaires, *enlever la foule, transporter l'auditoire*, etc., ne sont nullement métaphoriques chez les fourmis ».

Au rebours de nous, elle a la chance d'être beaucoup plus sensible à la volupté qu'à la douleur. Amputée, tronçonnée, elle ne se détourne pas de sa route et s'empresse vers le nid comme s'il ne s'était rien passé. Mais qu'une sœur la sollicite, elle s'arrête et partage avec elle les ivresses du miel.

Chez nous le bonheur est surtout négatif et passif et ne se fait guère sentir que par l'absence de maux ; chez elle il est avant tout positif et actif et semble appartenir à une planète privilégiée. Physiquement, organiquement, elle ne peut être heureuse qu'en faisant autour d'elle des heureux. Elle n'a d'autres joies que les joies du devoir accompli qui pour nous sont les seules qui ne laissent pas de regrets, mais que la plupart d'entre nous ne connaissent que par ouï-dire. Les transports de l'amour où nous croyons nous dépasser et sortir de nous-mêmes ne sont au fond que de l'égoïsme à ce point ramassé ou exaspéré qu'il frôle la mort ou l'anéantissement, c'est-à-dire cela même qu'il cherche à anéantir. La fourmi en connaît d'autres qui, au lieu de la contracter, l'épanouissent, la multiplient, la répandent à l'infini parmi ses innombrables sœurs. Elle vit dans le bonheur, parce qu'elle vit dans tout ce qui vit autour d'elle, que tous vivent en elle et pour elle, comme elle vit en tous et pour tous.

## III

Elle vit surtout dans l'immortalité, parce qu'elle fait partie d'un tout que rien ne peut anéantir. Si étrange que paraisse au premier abord l'assertion, la fourmi est un être profondément mystique qui n'existe que pour son Dieu et n'imagine pas qu'il puisse y avoir d'autre bonheur, d'autre raison de vivre que de le servir, de s'oublier, de se perdre en lui. Elle est tout imprégnée de la grande religion primitive, le totémisme, la plus ancienne, la plus chargée de millénaires, la plus générale que l'homme ait pratiquée. À la racine de toutes les autres religions et de tous les dieux, le totémisme est la première recherche, la première conquête, par ce qui meurt, de ce qui ne meurt point. Le totem était l'âme collective de la tribu. Nos plus lointains ancêtres, comme le dit justement l'égyptologue Alexandre Moret, « croyaient leur âme en sûreté parce qu'elle était liée au totem, c'est-à-dire à une espèce animale ou végétale, ou à une classe d'objets qui ne pouvaient *tous* périr. À la mort de l'individu, le totem, âme collective immortelle, récupérait cette parcelle émanée de lui pour une passagère existence ».

Évidemment, la fourmi ne se dit pas ces choses, et nos ancêtres ne se les disaient pas davantage, – ce n'est pas ce qu'on se dit ni ce qu'on pense qui agit le plus profondément ; – mais elles sont la substance de sa vie ; et l'on ne sait quel instinct épars dans tout ce qui respire les murmure en elle. Son totem est l'esprit de sa fourmilière, comme le totem de l'abeille est l'esprit de sa ruche. L'homme primitif avait l'esprit de son clan. À la place de celui-ci nous n'avons plus que quelques fantômes évanescents qui bientôt disparaîtront à leur tour. Il ne nous restera que notre existence d'une heure et

nous nous sentirons de plus en plus isolés, de moins en moins dé-
fendus contre la mort.

## IV

Nous avons vu, au début de cette étude, que des fourmis aussi
civilisées que les plus civilisées d'aujourd'hui, des fourmis à bétail et à coléoptères de luxe, se trouvent déjà dans l'ambre de la
Baltique, en d'autres termes, dans l'Oligocène et le Miocène, c'est-
à-dire bien avant l'apparition de l'homme. Depuis des millions
d'années elles ne paraissent donc pas avoir sensiblement évolué.
Pourquoi ? Peut-être, comme nous l'avons déjà dit, parce que
quelques millions d'années ne suffisent pas à marquer une évolution. On ne peut hasarder que des hypothèses, attendu que comme
le pré-homme, la pré-fourmi fait défaut. Mais de même que nous
avons encore dans certaines îles des primitifs qui vivent comme
vivaient nos ancêtres contemporains du mammouth, il nous reste
quelques fourmis attardées qui n'ont pas suivi le mouvement général, notamment les Ponérines qu'on suppose descendues d'un
type plus ancien appartenant à la faune Mésozoïque ou secondaire.
Ces dernières survivantes d'une espèce immémorialement éteinte
sont à peine des insectes sociaux. Leurs colonies ne comptent que
quelques douzaines d'individus, leur estomac n'est pas encore divisé et spécialisé. Elles sont presque exclusivement carnivores et ne
pratiquent pas l'acte essentiel de la fourmilière : la régurgitation.
Leur cuirasse est plus forte que celle des fourmis civilisées et elles
sont munies d'un aiguillon redoutable, car vivant à peu près solitaires, les dangers qu'elles courent sont plus grands ; et l'association
étant assez précaire, leurs larves sont capables de se nourrir sans
l'assistance de leurs parents. Il est pour le moment fort difficile
de retrouver les étapes qui marquent l'ascension des misérables
Ponérines aux fourmis supérieures, car l'étude des premières,
presque toutes australiennes, comme, – curieuse coïncidence, –
nos derniers sauvages sont également australiens, est encore fort
incomplète. D'autre part, entre le Mésozoïque et l'ambre fossile, ne
subsiste aucune trace formicienne ; mais c'est évidemment dans
cet immense inconnu du secondaire à la fin du tertiaire, que s'est
organisée et développée la vie sociale de la fourmilière, graduellement substituée à l'existence individuelle pour aboutir à ce qu'elle

est aujourd'hui.

N'étant pas comme elles physiquement et irrésistiblement altruistes, nous avons évolué en sens inverse. À l'immortalité collective, nous avons préféré l'immortalité individuelle. Mais nous commençons à douter qu'elle soit possible et, en attendant, nous avons perdu le sentiment de la première. Le retrouverons-nous ? Le socialisme et le communisme auxquels nous allons, marquent une étape dans ce sens. Mais, dépourvus de l'organe nécessaire, pourrons-nous nous y arrêter et y prospérer ?

Ce premier espoir d'immortalité collective, dont les restes luisent encore comme des tisons, dans l'instinct et la pensée des pères de famille qui revivent ou continuent de vivre en leurs enfants, on peut se demander s'il n'était pas au fond le meilleur, le mieux fondé, le plus sage et s'il ne faudra pas y revenir un jour quand tous les autres paraîtront chimériques. Peut-être même devrons-nous aller beaucoup plus loin et nous résigner enfin à l'immortalité cosmique qui est la seule indiscutablement, inébranlablement certaine et que nous avons tort de confondre avec l'immortalité du néant qui ne peut exister. Mais quand serons-nous de taille à l'accepter sans désespérer ?

## V

On dirait que la nature ne sait pas ce qu'elle veut, ou plutôt ne fait pas ce qu'elle veut, que quelqu'un lui retient le bras pour l'empêcher de trop bien faire. Dans les vieilles légendes scandinaves on parle des temps où Satan régnait encore. Ces temps sont-ils révolus ? Ou bien, si ce n'est la nature, est-ce un démiurge ou un de nos innombrables dieux d'autrefois, Ormuzd ou Ormazd, par exemple, le père de la lumière et du peu de bien dont nous jouissons, comme le croyaient les Persans, contrarié par Ahriman, souverain du mal et du néant ? Explication à laquelle il nous faudra peut-être revenir par on ne sait quel nouveau détour, comme y est revenu le christianisme par le mythe du démon, puisque tout semble expier un crime que personne n'a commis, attendu que celui qui le punit en est seul responsable.

Dès que l'on pose des questions qui sortent du pauvre cercle, large comme une assiette, où nous passons notre existence, les réponses sont forcément incertaines, balbutiantes, primitives, contradictoires, et n'ont fait que quelques pas enfantins depuis l'origine des religions et des philosophies. Notre voix n'est assurée, péremptoire, notre pensée sans hésitation que lorsqu'il s'agit de notre misère, de nos petites passions, de nos petits vices et de l'heure des repas.

L'Inconnaissable qui nous mène, ne sachant au juste où il allait, a-t-il voulu faire trois essais, sur les termites, les fourmis et les abeilles, avant de lancer dans le temps ou l'éternité l'homme, sa dernière pensée et le dernier venu des animaux ? Serions-nous la quatrième épreuve et très probablement la quatrième expérience manquée ? Est-il possible de tirer des trois tentatives précédentes quelque présage de notre propre sort ?

Il faut bien s'y intéresser. Il faut tout interroger. Évidemment, mieux vaudrait s'adresser d'abord à nos propres électrons qui sont aussi vieux que les mondes. Ils nous diraient tout, puisqu'ils doivent tout savoir. Quand nous parlons, c'est eux qui parlent, mais ils gardent le silence sur ce que nous ne sommes pas à même ou sur ce que nous n'avons pas encore mérité de comprendre. Faute d'eux, tournons-nous vers ce qui nous ressemble le plus sur cette terre : nos insectes sociaux. Nous n'avons pas d'autre repère. C'est sous sa triple forme, l'unique analogie, l'unique contre-épreuve, l'unique préfiguration qu'on découvre. Ce miroir à trois faces est jusqu'ici le seul où nous puissions chercher une image de notre destinée. Si petits que soient les acteurs de ces drames, ils ont leur poids et leur importance, car nous savons fort bien que dans l'infini où nous nous trouvons tous, la taille ne compte point, et que ce qui se déroule dans les cieux obéit aux mêmes lois que ce qui se passe dans une goutte d'eau.

## VI

Laissons pour l'instant les termites et les abeilles qui s'agitent dans le même problème et tenons-nous aux fourmis. Les voilà donc parties des Ponérines et arrivées où nous les trouvons. Jusqu'où iront-elles ? Sont-elles à leur apogée ou déjà sur le déclin, comme pourraient le faire craindre les ferments étrangers et morbides que sèment les parasites de luxe dans leurs meilleures républiques ? Ont-elles un autre avenir devant elles ? Qu'attendent-elles ? Voilà des millions d'années qui n'ont pas compté, par conséquent des milliards de milliards de vies et de morts qui n'ont pas compté davantage. Qu'est-ce qui compte enfin ? Ont-elles atteint leur but et quel est donc ce but ? Si la terre, la nature, l'univers n'en ont pas que nous puissions entrevoir, pourquoi en auraient-elles, pourquoi en aurions-nous un ? Naître, vivre, mourir et recommencer jusqu'à ce que tout disparaisse, n'est-ce pas suffisant ? Quelqu'un ouvre un œil dans la nuit, voit un coin de terre ou de mer, quelques étoiles, une forme humaine, puis le referme pour toujours. De quoi se plaindrait-il ? N'est-ce pas ce qui nous arrive ? Tout, ne fût-ce qu'une seconde, ne vaut-il pas mieux que de n'avoir pas été ?

À quoi ont-elles servi ? À quoi voulez-vous que nous servions nous-mêmes quand nous aurons atteint le sommet de la courbe ? À rien qu'à permettre à quelques phénomènes physiques que nous appelons spirituels quand ils se passent dans notre cerveau, de se répéter indéfiniment, de trouver, à la rigueur, quelques combinaisons différentes dont aucune ne sera définitive et ne conduira à quoi que ce soit qui n'ait été.

## VII

Enfin, où vont-elles, que deviennent-elles quand elles sont mortes ? Pourquoi sourire à ces questions quand il s'agit d'insectes et les prendre au sérieux quand il s'agit de l'homme ? La différence d'eux à nous est-elle suffisante ? Nous avons à chaque pas le pressentiment de leur intelligence et il nous faut nous roidir contre l'évidence pour ne pas la reconnaître. Nous ne sommes plus ici en présence de pierres, de végétaux ou de brutes soumises à l'instinct, mais à côté d'existences qu'une membrane transparente sépare à peine de la nôtre, car il faudrait fort peu de chose pour que, sur bien des points, elles fussent nos égales et de ces points mystérieux, dans notre ignorance, nous sommes assez mauvais juges. Est-ce qu'un peu plus ou un peu moins d'activité cérébrale change de fond en comble les lois de l'univers, de la justice et de l'éternité, assure l'immortalité ou la rend à jamais impossible ?

Ce que nous avons le plus de peine à admettre, c'est qu'il ne se forme pas dans l'espace ou le temps, une sorte de réserve où s'accumuleraient les fruits de toutes ces expériences, de tous ces efforts, de toutes ces luttes contre le mal, la misère, la souffrance, l'imbécillité, la matière ; qu'un jour tout sera perdu, tout sera à recommencer comme si rien n'avait été fait et que si le pire aggrave les maux et nuit à tout le monde, le meilleur ne modifie rien et ne profite à personne.

Le grand signe qui nous sépare de tout ce qui respire, est-ce notre mécontentement ? N'exigeons-nous pas trop d'une planète de dixième, voire de dix-millième ordre ? Elle fait ce qu'elle peut, elle donne ce qu'elle a. Mais qui nous dit que les autres êtres qui la peuplent ne se plaignent pas également ? Sommes-nous seuls à espérer qu'il y ait mieux ? Est-ce cette pensée qui nous met à part ? On se demande du reste d'où elle peut nous venir, puisque nous n'avons jamais quitté notre terre ni connu d'autres modèles que ceux qu'elle nous offre. L'idée qui juge et condamne peut-elle être formée de ce qu'elle juge et condamne ? En tout cas, puisque nous l'avons et qu'elle nous différencie de ce qui nous entoure, ne la négligeons point, c'est sans doute la seule qui nous vienne d'outre-terre.

## BIBLIOGRAPHIE

Alverdes (Fr.). – *Social Life in the Animal World*. New-York. Harcourt, Brace & C°. 1927. – *Manuel descriptif des fourmis d'Europe pour servir à l'étude des insectes myrmécophiles*. Revue Mag. Zool. 1874. – *Species des Hyménoptères composant le groupe des Formicides de l'Europe*. 1881-1885. – *Les fourmis*. Hachette. 1886.

Belt (T.). – *The Naturalist in Nicaragua*. London. 1874.

Bethe (A.). – *Dürfen wir Ameisen und Bienen psychische Qualitäten zuschreiben ?* 1898.

Bonnet (Charles). – *Œuvres d'histoire naturelle et de philosophie*. 1779. – *Traité d'entomologie*. 1745.

Bouvier (E.-L.). – *Le communisme chez les insectes*. Flammarion. Paris.

Brun (R.). – *Psychologische Forschungen an Ameisen*. 1922. – *Le problème de l'orientation lointaine chez les fourmis et la doctrine transcendantale de V. Cornetz*. 1916.

Bugnion (E.). – *La guerre des fourmis et des termites, etc.* Kündig. Genève. 1923.

Bryan (Ch.). – *Harvesting Ant. Nature.* 60. 174. 1899.

Buckley (S.-B.). – *The Cutting Ants of Texas.* Proc. Acad. Nat. Sc. Phila. P. 233. 1860.

Brent (O.). *Notes on the Œcodomas or Leaf-cutting Ants of Trinidad.* Am. Nat. 20. 2. 1886.

Cornetz (V.). – *Les explorations et voyages des fourmis.* 1914. – *Le sentiment topographique chez les fourmis.* Revue des Idées. Paris. 1909. – *Opinions diverses à propos de l'orientation de la fourmi.* Bull. Soc. Hist. Nat. Afrique Nord. 1914. – *L'illusion de l'entr'aide chez la fourmi.* Rev. des Idées. 1912. – *De la durée de la mémoire des lieux chez la fourmi.* Arch. de Psychologie. 1912. – *Quelques observations sur l'estimation de la distance chez la fourmi.* Soc. Hist. Nat. Afrique Nord. 1912. – *Transport des fourmis d'un lieu dans un autre.* Ibid. 1913. – *Divergences d'interprétation à propos de l'orientation chez la fourmi.* Rev. Suisse Zool. 1913. – *Les fourmis voient-elles des radiations solaires traversant les corps opaques ?* Inst. gén. Psychologique. 1912.

De Geer (K.). – *Mémoires pour servir à l'histoire des insectes.* 1773.

Dodd (F.-P.). – *Notes on the Queensland Green Tree Ants.* Victorian Nat. 18. 136-140.

Doflein (F.). – *Beobachtungen an den Weberameisen.* Biol. Zentralbl. 25. Leipzig. 1905.

Dohrn (C.-A.). – *Zur Lebensweise der Paussiden.* Stett. Ent. Zeitg. 37. 1876.

Dominique (J.). – *Fourmis jardinières.* Bull. Soc. Nat. Ouest. Nantes. 1900.

Douglas (J.-W.). – *Ants-nest Beetles.* Ent. Weekl. Intell. 1859.

Dufour et Forel (A.). – *La sensibilité des fourmis à l'action de la lumière ultra-violette.* Arch. Sc. Phys. Nat. 1902.

Ebrard (E.). – *Nouvelles observations sur les fourmis.* Biblioth. Univer. Suisse. 1861.

Emery (C.). – *Origine de la faune actuelle des fourmis d'Europe.* Bull. Soc. Vaud. Sc. Nat. 1892. – *Catalogue des formicides d'Europe.* – *Sur l'origine des fourmilières.* C.R. 6ᵉ Congr. Intern. Zool. Berne. 1905. – *Éthologie, Phylogénie et Classification.* Berne. 1904.

Escherich (K.). – *Ameisen-Psychologie.* Beil. Allgem. Zeitg.

München N° 100. 1899. – *Die Ameise. Schilderung ihrer Lebenweise.* Braunschweig Fr. Vieweg & Sohn. 1906.

Espinas (A.). – *Des sociétés animales.* Paris. Alcan.

Fielde (A.-M.). – *The sense of Smell in Ants.* The Independent. Aug. 1905. – *The Sense of Smell in Ants.* Ann. N.-Y. Acad. Sc. I. 1905. – *The Progressive Odor of Ants.* Biol. Bull. 1902. – *Tenacity of Life in Ants.* Biol. Bull. 7. 1904, et Scient. Amer. 93. 1905.

Forel (A.). – *Les fourmis de la Suisse.* 1920. Genève. – *The Social World of the Ants.* 1928. New-York. Albert et Charles Boni. – *Le monde social des fourmis.* 5 vol. Genève. 1921-23.

Goeldi (E.). – *Myrmecologische Mitteilung das Wachsen des Pilzgartens bei Atta cephalotes betreffend.* 6ᵉ Congr. Internat. Zool. Berne. 1905. – *Beobachtungen über die erste Anlage einer neuen Kolonie von Atta cephalotes.* Ibid. 1905.

Green (E.-E.). – *On the Habits of the Indian Ant.* (Œcophylla Smaragdina). Trans Ent Soc. London proc. 1896.

Hamilton (J.). – *Catalogue of the Myrmecophilous Coleoptera.* Cand. Ent. 1888-89.

Heyde (K.). – *Die Entwicklung der Psychischen Fähigkeiten der Ameisen, etc.* Biol. Zentralbl. V. 44. 1924.

Huber (P.). – *Recherches sur les mœurs des fourmis indigènes.* Genève. 1810.

Huber (J.). – *Über die Koloniengründung bei Atta Sexdens.* Biol. Zentralbl. 25. 1905. – Idem. Smiths Report for. 1906.

Von Ihering (H.). – *Die Anlage neuer Kolonien und Pilzgarten bei Atta Sexdens.* 1898. Zool. Anz. 21.

Jacobson (Edward). – *Notes on Web-spinning Ants.* 1907. Victorian. Nat. 24.

Jacobson (E.) et Wasmann (E.). – *Beobachtung über Polyrhachis dives auf Java, die ihre Larven zum Spinnen der Nester benützt.* 1905. Notes Leyden Mus. 25.

Janet (Charles). – *Études sur les fourmis, les guêpes et les abeilles.* Notes 13 à 21 (1897 à 1899). – *Études sur les fourmis (nids arti-ficiels en plâtre, fondation d'une colonie par une femelle isolée).* Bulletin de la Soc. zool. de France. 1893. – *Appareil pour l'élevage et l'observation des fourmis.* Ann. de la Soc. entom. de France. 52,

62. 1893. – *Rapports des animaux myrmécophiles avec les fourmis.* 1897. Limoges. Ducourtieux. – *Observations sur les fourmis.* 1904. Limoges. Ducourtieux & Gout.

Kienitz-Gerloff (F.). – *Besitzen die Ameisen Intelligenz ?* 1899. Naturw. Wochenschr. 14.

Kirby (W.-F.). – *Mental Status of Ants, etc.* 1883.

Koch (C.-L.). – *Die Pflanzenläuse (Aphiden).* Nürnberg. 1857.

Lameere (A.). – *Notes sur les fourmis de la Belgique.* Ann. Soc. entom. Belge. 1892.

Latreille (P.-A.). – *Essai sur l'histoire des fourmis de France.* Brives 1798. Histoire nat. des fourmis. Paris 1802.

Leesberg (A.-F.-A.). – *Mieren als levende deuren Ent.* Ber. 2. 1906.

Von Leeuwenhœck (A.). – *Arcana Naturæ.* 1719.

Lepeletier de Saint-Fargeau. – *Histoire naturelle des insectes hyménoptères.* Paris. Roret. 1836.

Lespès (C.). – *Sur la domestication des Clavigers par les fourmis.* Bull. Soc. Anthr. Paris. 3.1868.

Lincecum (G.). – *Notice on the Habits of the Agriculture Ants of Texas.* Journ. Proc. Acad. Nat. Sc. Phila. C. 1862. – *On the Agricultura Ants of Texas.* Proc. Acad. Nat. Sc. Phila. 18. 1866.

Lubbock (Sir John). – *Ants, Bees and Wasps. Revised Ed. Inter.* Sc. Ser. N.-Y. Appleton & C°. 1894. – *On the Habits of Ants.* Sc. Lect. London. 1879. – *Les mœurs des fourmis.* Trad. Battandier. Alger. 1880.

McCook (H.). – *The Agricultural Ant of Texas.* Proc. Acad. Nat. Sc. Phila. Nov. 13. 1877. – *The Natural History of the Agricultural Ant of Texas.* Phila. 1879. – *The Honey Ants of the Garden of the Gods and the Occident Ants of the American Plains.* Phila. Lippincott & C°. 1882.

Meisenheimer (J.). – *Lebensgewohnheiten der Ponerinen.* Nat. Wochenschr. 1902.

Michelet (J.). – *L'insecte.* Hachette. 1884.

Moëller (A.). – *Die Pilzgärten einiger südamerikanischer Ameisen.* Iena. 1893.

Moggridge (J.-T.). – *Harvesting Ants and trapdoor Spiders, with Observations on their Habits and Dwellings.* London. 1873.

Morris (C.). – *Habits and Anatomy of the Honey-bearing Ant.* Journ. Sc. July. 1890.

Müller (W.). – *Beobachtungen an Wanderameisen (Eciton hamatum).* Kosmos. 18. 1886.

Norton (E.-R.). – *Remarks on Mexican Formicidæ (Eciton).* Trans. Am. Ent. Soc. 2. 1868. – Notes on Mexican Ants. Am. Nat. 2. 1868.

Perkins (G.-A.). – *The Drivers.* Amer. Nat. 3. 1870.

Piéron (H.). – *Du rôle du sens musculaire dans l'orientation des fourmis.* Bull. Inst. Gén. Psychol. Paris. 4.1904. – *Contribution à l'étude du problème de la reconnaissance chez les fourmis.* C. R. 6ᵉ Congr. Internat. Zool. Berne. 1905. – *L'adaptation à la recherche du nid chez les fourmis.* C. R. Séances Soc. Biol. Paris. 62. 1907.

Réaumur (R.-A.). – *Histoire des fourmis.* (Avec traduction anglaise et notes de Wheelers). New-York. 1926.

Reinhardt (H.). – *Weben der Ameisen.* Natur u. haus. 14. 1906.

Rennie (J.). – *The Amazon Ant.* Field Nat. Mag. 2. 1834.

Romanes (G.-J.). – *Animal Intelligence.* New-York. Appleton & Cº. 1883.

Rudow (F.). – *Ameisen als Gärtner.* Insektenborze. 22. 1905.

Santschi (F.). – *À propos des mœurs parasitiques temporaires des fourmis du genre Bothriomyrmex.* Ann. Soc. Entom. France. 75. 1906. – *Nouvelles fourmis de l'Afrique du Nord.* Ibid. 77. 1908. – *Comment s'orientent les fourmis.* 1913.

Saunders (W.). – *The Mexican Honey Ant. (Myrmecocystus Mexicanus).* Canad. Ent. 7. 1875.

Savage (T.-S.). – *On the Habits of the Drivers or Visiting Ants of West Africa.* Trans. Ent. Soc. London. 5, 187.

De Saussure (H.). – *Les fourmis américaines.* Bibl. Univ. 10. 1883.

Schäffer (C.). – *Über die geistigen Fähigkeiten der Ameisen.* Verh. Nat. Ver. Hamburg. 1902.

Schenkling-Prévôt. – *Ameisen als Pilz-Züchter und Esser.* Illustr. Wochen-schr. Ent. 6. 1896. – *Rozites gongylophora, die Kulturpflanze der Blattschneide-Ameise.* Ibid. 2. 1897.

Schmitz (H.). – *Das Leben der Ameisen und ihrer Gäste.* G.-J. Manz. Regenburg. 1906.

Schouteden (H.). – *Les Aphides radicicoles de Belgique et les four-*

*mis.* Ann. Soc. Ent. Belg. 46. 1902.

Scudder (S.-H.). – *Systematic review of our present knowledge of fossil Insecte.* Bull. U.S. Geol. surv. 31. 1886.

Smalian (C.). – *Altes und Neues aus dem Leben der Ameisen.* Zeitschr. Naturw. 67. 1894.

Swammerdam (J.). – *Biblia Naturæ.* Leyden. 1737.

Tepper (J.-G.-O.). – *Observations on the Habits of some South Australian Ants.* Trans. and Proc. Roy. Soc. S. Austral. 5. 1882.

Townsend (B.-R.). – *The Red Ant of Texas.* Am. Ent. and bot. St-Louis, Mo. 2. 1870.

Urich (F.-W.). – *Notes on some fungus-growing Ants in Trinidad.* Journ. Trinidad Club. 2-7. 1895.

Viehmeyer (H.). – *Beobachtungen über das Zurückfinden von Ameisen zu ihrem Neste.* Illustr. Zeitschr. Ent. 5. 1900.

Wasmann (E.), (S.-J.). – *Kritisches Verzeichnis der myrmecophilen Arthropoden, etc.* Berlin. 1894. – *Instinkt und Intelligenz im Thierreich.* Freiburg. Herder'sche Verlagshandlung. 1899. – *Die psychischen Fähigkeiten der Ameisen.* 9. Beitr. Kennin. Myrmecoph. Zoologica, II. 26. 1900. – *Zum Orientierungsvermögen der Ameisen.* Allgem. Zeitschr. Ent. 6. 1901. – *Ursprung und Entwicklung der Sklaverei bei den Ameisen.* Biol. Zentralbl. 25. 1905. – *Zur Geschichte der Sklaverei beim Volke der Ameisen.* Stimm. Maria-Laach. 70. 1906.

Wheeler (W.-M.). – *Ants.* New-York. Columbia University Press. 1926. – *Social Life among the Insects.* New-York. Harcourt, Brace & C°. 1923. – *On the Founding of Colonies by Queen Ants, with special reference to the Parasitic and Slave-Making Species.* Bull. Amer. Mus. Nat. Hist. 22. 1906. – *The Fungusgrowing Ants of North America.* Ibid. 23. 1907.

White (W.-F.). – *Ants and their Ways.* London. 1883.

ISBN : 978-3-96787-780-9

.

Ingram Content Group UK Ltd.
Milton Keynes UK
UKHW010720130623
423368UK00004B/61